煤安 露天煤矿安全生产数字化创新教材

露天煤矿边坡工程
勘察、监测及设计指南

王 勇 主编

中国矿业大学出版社
· 徐州 ·

内容提要

《露天煤矿岩土工程勘察规范》、《煤炭工业露天矿边坡工程监测规范》及《煤炭工业露天矿边坡工程设计标准》三部国家标准在实施过程中，对指导露天矿设计、建设与生产产生了深远影响，但各方对一些标准条款的理解不一致，带来了不必要的麻烦。因此，我们组织编写了《露天煤矿边坡工程勘察、监测及设计指南》一书，全书共四章，分别为绪言、勘察、监测与设计四部分。

本书适用于露天煤矿勘察、监测、设计、施工与滑坡防治技术人员，也可作为露天煤矿边坡安全管理人员的培训教材。

图书在版编目(CIP)数据

露天煤矿边坡工程勘察、监测及设计指南 / 王勇主编. — 徐州：中国矿业大学出版社，2024. 9. — ISBN 978-7-5646-6418-3

Ⅰ. TD804-62

中国国家版本馆 CIP 数据核字第 2024R7K828 号

书　　名　露天煤矿边坡工程勘察、监测及设计指南

主　　编　王　勇

责任编辑　吴学兵

出版发行　中国矿业大学出版社有限责任公司

（江苏省徐州市解放南路　邮编 221008）

营销热线　(0516)83885370　83884103

出版服务　(0516)83995789　83884920

网　　址　http://www.cumtp.com　**E-mail**:cumtpvip@cumtp.com

印　　刷　苏州市古得堡数码印刷有限公司

开　　本　787 mm×1092 mm　1/16　**印张** 12.5　**插页** 2　**字数** 238 千字

版次印次　2024 年 9 月第 1 版　2024 年 9 月第 1 次印刷

定　　价　80.00 元

（图书出现印装质量问题，本社负责调换）

《露天煤矿边坡工程勘察、监测及设计指南》编写委员会

主　编　王　勇

副主编　张　洪　刘　干　赵志强　郭子钰

参　编　李晓俊　马　可　黄浩轩　张晓敏
黄钟贤　高　晗　黄华森　李长乐
秦程朝　谭舒亮　李振雄

序

在当今全球能源结构发生深刻变革的背景下，作为传统能源的煤炭仍然是我国能源的压舱石。对于煤炭的安全、高效、绿色、智能开采则是国家能源战略的重要追求目标。露天采矿作为安全、经济、高效、资源节约的煤炭资源开发方式，已成为世界各国首选的开采手段。露天煤矿边坡是露天采场的重要组成部分，边坡角的大小与露天煤矿开采的经济效益具有直接联系，其边坡稳定性则直接关系到露天煤矿的安全生产与可持续发展。因此，露天煤矿边坡安全是煤炭露天开采领域亟待深入研究和不断完善的重大课题。

为进一步规范与加强露天煤矿边坡的研究工作，自 2010 年开始，我们陆续编制了国家标准《露天煤矿岩土工程勘察规范》(GB 50778—2012)、《煤炭工业露天矿边坡工程监测规范》(GB 51214—2017)和《煤炭工业露天矿边坡工程设计标准》(GB 51289—2018)，中国煤炭科工集团二级首席科学家王勇作为主要编写成员全程参与其中。在此基础上，王勇等人撰写了《露天煤矿边坡工程勘察、监测及设计指南》，它不仅是对行业多年实践经验与科研成果的系统总结，更是对未来露天煤矿边坡工程管理工作的重要指导。

本书对露天煤矿边坡工程管理的关键环节和核心技术从勘察、监测到设计进行了全方位、多角度的全面阐述。它不仅详细提出了露天煤矿边坡工程勘察的方法、手段和技术要求，为准确掌握边坡工程地质条件提供了科学依据；还深入探讨了边坡监测的技术体系与理论方法，为及时发现并预警边坡失稳风险提供了有力保障；更在边坡设计方面，提出了一系列创新理念和实践方法，为露天煤矿边坡工程的稳定性和安全性提供了坚实支撑。

尤为值得一提的是，本书在总结现有成果的基础上，还前瞻性地展望了露天煤矿边坡工程管理的未来发展趋势，强调了绿色、智能、可持续的开采理念。这不仅是对行业发展要求的积极响应，更是对未来露天煤矿边坡工程管理工作的美好愿景。

我相信，《露天煤矿边坡工程勘察、监测及设计指南》的出版，必将会为我国露天煤矿开采领域的边坡管理工作注入新的活力与动力，也将会成为广大露天煤矿边坡工作者手中不可或缺的工具书，并引领行业向着更加安全、高效、绿色、智能的方向发展。

在此，我衷心希望本书能够得到广大读者的喜爱与认可，并期待在不久的将来，能够看到更多基于本书指导下的优秀实践成果涌现。让我们携手共进，为推动我国煤炭工业的高质量发展贡献智慧和力量！

煤炭行业勘察设计大师

2024年9月

前 言

在煤炭工业高质量发展的时代背景下，露天开采作为煤炭资源开采的重要形式，其规模与效率的提升对保障国家能源安全、促进经济发展具有重要意义。然而，随着开采活动的不断深入，露天煤矿边坡的稳定性问题日益凸显，成为制约矿山安全生产与环境保护的关键因素。边坡工程作为露天煤矿开采中不可或缺的一环，其复杂性、动态性和高风险性要求我们必须以科学严谨的态度，从勘察、监测、设计、施工及闭坑全链条进行精细化管理。

自2012年起，《露天煤矿岩土工程勘察规范》(GB 50778—2012)、《煤炭工业露天矿边坡工程监测规范》(GB 51214—2017)及《煤炭工业露天矿边坡工程设计标准》(GB 51289—2018)三部国家标准相继出台，本人有幸作为核心编写成员参与其中。三部标准在实施过程中对指导露天煤矿设计、建设与生产产生了深远影响，但各方对一些标准条款的理解不一致，带来了不必要的困扰。因此，我们编写了《露天煤矿边坡工程勘察、监测及设计指南》一书，本书共四章，分别为绪言、勘察、监测与设计四部分。

第一章绪言。主要介绍了露天煤矿边坡工程的发展现状及边坡工程的特点，简要描述了边坡勘察、设计、监测、施工与信息化技术等领域的最新进展。同时，针对使用标准时需注意的问题进行了概述，强调了标准的适用性、时效性、完整性和执行力度等关键因素。通过绪言部分的介绍，读者可以对露天煤矿边坡工程有一个全面深入的了解，为后续章节的学习打下基础。

第二章《露天煤矿岩土工程勘察规范》实施指南。介绍了露天煤矿边坡勘察的目的、原则、内容及方法。依据《露天煤矿岩土工程勘察规范》的要求，对地质条件、水文地质条件、岩土物理力学性质等关键因素的调查与分析进行了深入阐述。同时，还强调了勘察成果在后续设计与监测工作中的重要性，为技术人员提供了详细的勘察报告编制指南。

第三章《煤炭工业露天矿边坡工程监测规范》实施指南。阐述了边坡监测的目的、内容、方法及周期。依据《煤炭工业露天矿边坡工程监测规范》的具体要求，制定了详细的监测计划、监测内容和监测方法。通过构建全面覆盖的监测网络，实现对边坡稳定性的实时、动态监控。同时，还介绍了监测数据的处理与分析方法，为技术人员提供了科学的监测结果解读和预警机制建立依据。

第四章《煤炭工业露天矿边坡工程设计标准》实施指南。阐述了边坡工程设计的原则、步骤、方法及关键技术。依据《煤炭工业露天矿边坡工程设计标准》的规定，对边坡稳定性分析方法、边坡防治措施设计、排水系统设计要点等进行了全面介绍。综合考虑边坡安全、采矿设计及经济性等因素，通过科学合理、动态设计、信息化施工等原则，确保边坡工程在满足开采需求的同时，具备足够的稳定性和安全性。

王勇负责全书编写与统稿；张洪参与了第一章、第四章的编写；刘干、赵志强、郭子钰参与了第一章、第二章的编写；李晓俊、马可参与了第三章、第四章的编写，并对全书进行了校核。

煤炭行业勘察设计大师韩洪德、河海大学陈育民教授指导了本书的撰写，王勇矿山岩土创新工作室团队成员黄浩轩、张晓敏、黄钟贤、高晗、黄华森为本书提供了项目素材；中国地质大学李长乐以及河海大学秦程朝、谭舒亮、李振雄为本书整理做了很多工作，在此一并表示衷心感谢！

本书在编写过程中借鉴了国内外部分专业著作，引用了参考文献中一些学者的研究成果或观点，在此向相关作者表示感谢。

本书的出版得到了中国煤炭科工集团“抚顺西露天矿综合治理与整合利用关键技术研究项目”（项目编号：2019-ZD004）、“露天矿地质灾害空-天-地一体化安全监控预警技术研究与应用项目”（项目编号：NKJ016-2023）等科技项目的资助。

本书的推广与应用，将有力推动我国露天煤矿边坡工程技术的进步与发展，为煤炭工业的安全生产、资源高效利用和生态环境保护做出积极贡献。本书内容涵盖边坡勘察、边坡监测、边坡设计、边坡信息化施工等，涉及面广，由于作者水平有限，书中难免有诸多不足之处，恳请读者不吝赐教和批评指正。作者电子邮箱：cctegwangyong@qq.com。

作　者
2024 年 6 月

目 录

第一章　绪　　言

第一节　露天煤矿边坡工程

据统计，我国金属、非金属矿山约 6.28 万座，其中露天矿山 5.47 万座，占比 87%。根据中国煤炭工业协会的数据，截至 2022 年底，全国共有露天煤矿 357 处，产能达到 11.62 亿 t，约占全国煤炭总产能的近 25%。这些露天煤矿主要分布在内蒙古、新疆、山西和云南等地，其中内蒙古和新疆两地的露天煤矿数量和产能占全国露天煤矿的比重分别达到 75%和 85%左右。

2016 年按照国家工业和信息化部、国家发展和改革委员会、国家能源局、国家煤矿安全监察局发布的《煤炭行业淘汰落后产能专项行动实施方案》要求，展开了淘汰煤炭落后产能和煤炭资源整合及企业重组行动。自此，我国露天煤矿数量开始缩减，2017 年露天煤矿开采量有所下降，但经过短暂的下降后又逐年迅速增长，从 2017 年占全国煤矿总开采量的 15%，至 2021 年显著提升到 23%，开采量提高约 4.2 亿 t。

露天煤矿工程诞生之初就伴随着边坡工程问题。中华人民共和国成立初期，露天煤矿多为山坡露天形式，属于地表浅层开采，虽然当时露天煤矿也发生过边坡滑坡问题，但是总体来说，滑坡规模较小，属于局部滑坡，不涉及露天煤矿边坡整体，所以对边坡稳定性的研究及边坡角设计的研究工作尚未开展。

随着露天煤矿开采规模的不断扩大，开采深度不断增加，逐渐形成露天凹陷采场或深凹采场的格局。可以说每个露天煤矿在工程实践中，都会遇到边坡问题。20 世纪 80 年代以来，我国相继在中西部开发了霍林河、元宝山、伊敏河、平朔安太堡、安家岭、准格尔黑岱沟和哈尔乌素、神华北电胜利一号、大唐胜利东二号等特大型露天煤矿。目前露天煤矿边坡高度已超过 300 m，一些大型的边坡设计高度已达到 500 m，最高已超过 600 m，因此，露天煤矿边坡勘察、设计、监测等工作的重要性日趋显现。

保证边坡的稳定，对于露天煤矿的生产安全和生产的连续性至关重要。因此，在露天煤矿开采过程中，边坡的勘察、监测和设计等各方面都应受到高度重视。

露天煤矿边坡工程是矿业开采领域的一个重要分支，它专注于矿山开采过程中边坡的设计、施工、监测与维护，以确保矿山的稳定、安全和高效运行。根据边坡的岩石类型、地质条件、开采方式及稳定性要求，露天煤矿边坡工程可分为多种类型，包括但不限于岩石边坡、土质边坡、复合边坡等，同时还可按稳定性等级进一步细分。如图 1-1-1 所示。

图 1-1-1　露天煤矿边坡现场

一、露天煤矿边坡工程特点

露天煤矿边坡，作为矿山开采活动中的重要组成部分，主要包括台阶，台阶上下平盘，台阶坡面及其角度、高度，坡顶与坡底线等多个方面。露天煤矿边坡工程有其独特的工程特点，具体表现如下。

1. 特定的工程地质条件

露天煤矿边坡工程深受既定工程地质条件与地质环境的制约，这一特点使其在众多地质工程中独树一帜。与其他如隧道、公路、水利工程不同，后者在规划阶段可根据工程地质特性灵活选址或设计线路，而露天煤矿则必须严格依据矿体自然赋存状况进行作业，受矿体赋存空间的影响，其岩体、地质构造以及工程水文地质条件等原始状态具有不可选择性，这意味着在设计和施工过程中，必须充分考虑这些限制条件。

2. 显著的时间与空间效应

出于经济效益最大化的考虑，露天煤矿在投产初期常采用临时性边坡措施，以减少初期基建工程量与投资，缩短建设周期，尽快实现生产并获取良好的经济效益。这些临时性边坡随着开采活动的深入而不断调整，直至露天矿坑关闭时形成稳定的最终边坡。整个过程中，露天煤矿始终处于动态开采与回采状态，边坡稳定性需满足生产期间的安全需求，这充分体现了露天煤矿边坡工程的时效性特点。

3. 岩土体可变形特性

在露天煤矿开采过程中，边坡岩土体允许发生一定程度的变形甚至局部破坏，只要这种变化不影响整体的安全生产即可。这种岩土体的适应性变形特性是露天煤矿边坡工程与其他边坡工程相比的重要区别。

4. 阶段性发展规律

露天煤矿边坡工程随着开采活动的推进与采区的不断扩展而逐步发展。这种阶段性特点对边坡稳定性的评估提出了更高要求。在不同开采阶段，工程地质勘察的重点与内容需相应调整，以确保评价的准确性和针对性。初期阶段需进行全面细致的勘察，而随着开采的深入，勘察工作逐渐转向精细化，以节省前期投入并获取必要的资料与信息。

5. 工程构筑与使用同步

露天煤矿边坡是矿山开拓、开采过程的伴随工程，从开始施工起一直要历经几十年的开采过程。在这个过程中，边坡的构成条件与环境都会有所变化，因此，边坡工程具有工程构筑与使用同步的特点。这意味着在开采过程中，需要不断对边坡进行监测和维护，以确保其稳定性和安全性。

6. 依附于采矿作业而存在

露天煤矿边坡依附于采矿作业而存在，其形态在很大程度上受采矿生产与作业条件的约束。边坡工程需要满足采矿生产的要求，服务于采矿工艺；同时，边坡工程的自身安全性要求又在很大程度上约束着采矿作业。因此，在采矿过程中，必须综合考虑边坡工程的安全性和经济性，以实现采矿作业的高效、安全进行。

7. 受自然环境影响大

露天煤矿边坡的稳定性受到自然环境的影响较大，如气候、降雨、地震等因素都可能对边坡的稳定性造成不利影响。因此，在设计和施工过程中，需要充分考虑这些自然因素，并采取相应的工程措施来降低其对边坡稳定性的影响。

8. 边坡治理难度大

由于露天煤矿边坡的构成复杂、影响因素众多，且治理过程中需要综合考虑多个方面的因素，因此边坡治理难度较大。这要求在治理过程中必须采用科学合理的方法和技术手段，并加强对治理效果的监测和评估，以确保治理效果达到预期目标。

9. 监测与维护工作重要

为了确保露天煤矿边坡的稳定性和安全性，必须加强对边坡的监测和维护工作。这包括定期对边坡进行巡视、测量和评估，及时发现和处理潜在的安全隐患;同时,还需要根据监测结果对边坡进行必要的加固和维护工作,以提高边坡的稳定性和耐久性。

综上所述,露天煤矿边坡工程上述特点要求在设计、施工过程中必须充分考虑各种因素,并采取相应的措施来确保边坡的稳定性和安全性。

二、露天煤矿边坡勘察

1. 技术手段

露天煤矿的边坡勘察是边坡设计和施工的基础,主要为后续的边坡设计和施工提供依据,是工程建设必须遵守的程序,是边坡研究中最为重要的基础环节。其主要的技术手段包括工程地质测绘、三维激光扫描、近景摄影测量、航测与遥感、工程地质勘探和岩土体物理力学试验等。

2. 目的及要求

露天煤矿边坡勘察的目的是查明坡体结构、风化界限,重点是查明潜在滑动带即软弱层的层数、分布位置、形状和性状,以及地下水的分布,为露天煤矿边坡稳定性评价和加固工程设计提供资料。因此,其勘探方法一般以钻探为主,辅以必要的物探、坑槽探或井探。在钻探过程中记录钻速以及缩孔、塌孔、掉钻等现象,并查明含水层、隔水层及初见水位和稳定水位,同时分层采取岩土试样和水样进行试验,特别是软弱层的岩样。钻探中应及时鉴定岩芯并保留代表性岩样,最终完成钻孔柱状图。

钻孔柱状图描述了各地层的岩性、颜色、结构、风化程度、含水状态,特别是薄层软弱层。勘探资料应及时放到边坡地质剖(断)面图上,连接地层、风化界限和地下水位线以及主要构造线等。

露天煤矿边坡勘察过程中必须对构成边坡的岩土取样进行物理力学试验,为后续的边坡稳定性分析计算和设计提供参数。取样应包括露天煤矿边坡的主要地层,特别是不能漏掉对边坡稳定起控制作用的软弱地层。考虑岩土的不均匀性,每种岩土取样应不少于9组。对尚未变形的边坡,应取原状非扰动样,对已经变形或滑动的边坡,应取原状样和部分扰动样进行试验,以满足不同状态下稳定性计算的需要。

露天煤矿边坡岩土试验内容主要包括各类岩土体的天然重力密度、饱水重力密度、天然含水率、饱和含水率、液限、塑限、塑性指数、颗粒组成,以及天然和饱和状态下的黏聚力和内摩擦角,更重要的是测试软弱结构面和软弱岩层的强度参数和流变特性。有时因取样困难和实际需求,应进行现场原位剪切试验。

3. 勘察技术

(1) 工程地质测绘。通过对露天煤矿边坡及其周边区域进行实地观察和测量，绘制工程地质图，了解地形地貌、地层岩性、地质构造、水文地质条件等信息。

(2) 钻探。通过钻孔获取岩芯，分析岩石的物理力学性质、结构特征、风化程度等，同时可以进行原位测试和水文地质试验。

(3) 槽探和井探。用于直接观察和采样，了解浅部地层和地质构造情况。

(4) 地球物理勘探。如地震勘探、电法勘探、磁法勘探等，用于探测地质构造、岩石分层、含水层等。

(5) 原位测试。包括静力触探、动力触探、标准贯入试验等，以获取岩土体的力学参数。

(6) 室内试验。对采集的岩土样品进行物理性质试验、力学性质试验（如抗压强度、抗剪强度等）、水理性质试验等，为边坡稳定性分析提供数据。

(7) 水文地质勘察。调查地下水的类型、水位、流量、水质等，分析地下水对边坡稳定性的影响。

(8) 监测技术。安装监测设备，如位移监测点、应力监测传感器、地下水监测井等，实时或定期监测边坡的变形和应力变化情况。

(9) 遥感技术。利用卫星遥感或航空遥感图像，获取大面积的地形地貌和地质信息，辅助勘察工作。

(10) 数值模拟。基于勘察数据，建立数学模型，模拟边坡在不同工况下的稳定性和变形情况。

在实际勘察工作中，通常会综合运用多种技术手段，以获取全面、准确的地质信息，为露天煤矿边坡的设计、施工和治理提供可靠的依据。

三、露天煤矿边坡设计

露天煤矿的边坡设计是指在最大限度地提高矿山利润率和回采矿量的准则下，确定安全可靠的采场边坡几何形状和角度，因此，露天煤矿边坡设计技术是露天开采设计的一部分，是确保露天煤矿安全、高效开采的重要环节。设计的基本依据是矿山地质、工程地质与水文地质条件，岩土体的物理力学参数特征，地震影响因素，煤层赋存状态，采矿工艺过程和政策导向等方面。

露天煤矿根据边坡高度、地质条件复杂程度和生产规模，将采掘场边坡工程安全等级分为一级～三级；排土场根据边坡高度、排土场基底地质条件复杂程度，将排土场边坡工程安全等级分为一级～三级。常用极限平衡计算法评价边坡的稳定性，根据实践经验，露天煤矿边坡的稳定性评价应该是工程地质综合分析评价与力学平衡计算的有机结合，互相验证和补充。前者为后者提供变形类型、破坏模式、变形范围和边界条件；后者则可算出边坡的稳定系数和作用力大小，为设计提供科学依据。露天煤矿边坡设计与其经济效益、安全生产息息相关，是露天煤矿设计中最为重要的一个阶段。

边坡设计的基本原则、主要依据、主要步骤及关键技术见表 1-1-1。

表 1-1-1 边坡设计的基本原则、主要依据、主要步骤及关键技术

项目		内容
基本原则	安全性	确保边坡在采矿过程中和采矿结束后都能保持稳定，防止滑坡、坍塌等地质灾害的发生
	经济性	在保证安全的前提下，合理确定边坡角度，减少剥离量和运输成本，提高经济效益
	环保性	在边坡设计过程中，应充分考虑环境保护要求，减少对周边环境的破坏和污染
主要依据	矿体赋存	矿体的形态、产状、厚度、倾角等，这些因素直接影响边坡的稳定性和设计角度
	工程地质	岩体的物理力学性质、地质构造、水文地质条件等，这些因素对边坡的稳定性有重要影响
	开采工艺和技术水平	不同的开采工艺和技术水平对边坡的设计要求也不同，需要根据实际情况进行合理选择
主要步骤	资料收集与分析	收集矿山地质、工程地质、水文地质等相关资料，进行综合分析，为边坡设计提供基础数据
	边坡稳定性分析	采用数值模拟、物理模型试验等方法，对边坡的稳定性进行定量分析，确定合理的边坡角度
	边坡加固设计	根据边坡稳定性分析结果，设计合理的加固措施，如设置挡土墙、抗滑桩、注浆加固等，以提高边坡的稳定性
	边坡排水设计	设计合理的排水系统，防止雨水等外部水源对边坡的侵蚀和破坏，提高边坡的耐久性
	边坡监测与维护	在边坡使用过程中，应定期进行监测和维护，及时发现和处理潜在的安全隐患，确保边坡的长期稳定
关键技术	边坡稳定性分析技术	极限平衡法、数值分析法等，用于评估边坡的稳定性
	边坡加固技术	根据边坡的实际情况，选择合适的加固措施，以提高边坡的稳定性
	边坡排水技术	设计合理的排水系统，确保边坡在雨季等恶劣天气条件下的稳定性
	边坡监测技术	利用自动化监测设备和技术手段，对边坡进行实时监测，及时发现和处理潜在的安全隐患

综上所述，露天煤矿边坡设计是一个复杂而系统的工程，需要综合考虑多种因素，并采用科学的方法进行设计和分析。同时，在边坡使用过程中，还需要加强监测和维护工作，以确保边坡的长期稳定和安全。

四、露天煤矿边坡监测

露天煤矿边坡的变形问题作为露天煤矿开采过程中的一大安全隐患，其监测技术是保障煤矿安全生产的重要手段，成为实现滑坡预警预报、保障生产安全的关键技术环节。其主要目的是及时发现边坡的变形和稳定性问题，从而采取相应的措施进行加固和维护。实施边坡变形监测在边坡监测的实践中，要始终遵循“安全第一、预防为主、综合治理”的基本原则。

1. 主要目的

(1) 及时掌握边坡的变形情况。通过监测设备实时或定期获取边坡的位移、倾斜、应力等数据，了解边坡的动态变化情况。

(2) 预测边坡稳定性。基于监测数据，运用数学模型和分析方法预测边坡的稳定性，评估潜在的风险。

(3) 提供数据支持。为边坡的稳定性评价、加固设计和应急处理提供科学、准确的数据支持。

2. 监测方法

露天煤矿边坡监测的方法多种多样，主要包括以下几种：

(1) 地表位移监测。利用全站仪、全球卫星导航系统(GNSS)等设备对边坡表面的位移进行实时监测，通过定期或连续测量边坡上特定点的位置变化，分析边坡的位移趋势和速度。

边坡雷达作为一种非接触式的边坡监测技术已经开始推广应用，这项技术主要是利用雷达波束探测边坡表面的反射波，从而确定边坡的位移情况。它具有不受天气条件限制、精度高等优点，但也存在监测死角、垂直波束方向精度低等缺点。

(2) 深部位移监测。通过在边坡内部安装倾斜仪、应变计等传感器，监测边坡内部岩土体的位移和应力变化，了解边坡内部的变形情况。

(3) 地下水位监测。地下水位的变化对边坡稳定性有重要影响。通过安装水位计，定期监测地下水位的变化，分析其对边坡稳定性的影响。

(4) 声发射监测。利用声发射技术监测边坡内部微小裂纹的产生和发展，通过分析声发射信号的频率、能量等特征，预测边坡的潜在滑动面和滑动时间。

(5) 卫星遥感技术。通过卫星图像对露天煤矿边坡进行监测，能够获取大范围的边坡表面信息和变化情况。虽然其精度可能不如地面监测和测量雷达，但适用于大范围边坡的监测。

（6）视频监控。通过安装视频监控设备，对边坡进行实时视频监控，及时发现边坡表面的裂缝、滑移等异常现象。

3. 监测设备

为了实现更精准的边坡监测，人们正努力探索多模式协同观测露天煤矿边坡的新路径。通过时间、空间、岩土参数以及智能分析等的协同，使得我们能够更准确地确定滑坡破坏位置、成灾区域及潜在滑动体，为边坡灾害的预警与治理提供了强有力的数据支持。

露天煤矿边坡监测智能感知技术装备领域同样取得了显著进展：坡表位移计、裂缝计、钻孔倾斜仪、锚索测力计和水压监测仪等传统监测仪器继续发挥着重要作用；而红外遥感监测、激光微小位移监测、合成孔径雷达干涉测量（INSAR）、时间域反射测试光纤技术（TDR）、无人机摄影测量、声发射（微震）监测技术、北斗高精度 GNSS 监测技术、地基雷达矿山地面灾害监测多源数据融合三维可视化技术，以及基于 MEMS 传感器的新型智能监测方法等新技术、新装备的应用，不仅提高了边坡监测的精度与效率，更为露天煤矿的安全生产提供了更加坚实的保障。

五、露天煤矿边坡施工与信息化技术

边坡施工与信息化技术的结合对于保障边坡工程质量、安全和效率具有重要意义。露天煤矿边坡施工是建立在详尽且全面的边坡勘察设计结果之上的，更依赖于严谨科学的施工组织与监测数据反馈。针对边坡区域潜在的安全隐患，采取一系列全面且周密的综合治理措施，旨在确保边坡稳固。疏排水技术的精准应用、削坡减重技术的合理布局，以及内排压脚、抗滑桩、锚固、挡墙等先进技术的创新实践，同时融入了生态修复中植被护坡的绿色理念，共同构筑起一道坚固的安全防线。

1. 信息化技术应用主要体现

在边坡施工过程中，信息化技术的主要应用体现可见表 1-1-2。

表 1-1-2　边坡施工过程中信息化技术应用体现

项目	内　容
施工前的地质勘察和建模	利用地质勘察技术获取详细的地质数据，包括地层结构、岩土性质、地下水位等
	通过地理信息系统（GIS）和三维建模软件，建立边坡的数字化模型，为施工方案的设计和优化提供直观的依据

表 1-1-2(续)

项目	内 容
施工监测与数据采集	安装各类传感器,如位移传感器、应力传感器、渗压传感器等,实时监测边坡的变形、应力变化和地下水情况
	采用自动化监测系统,将监测数据自动传输到数据处理中心,确保数据的及时性和准确性
数据分析与处理	运用数据分析软件对采集到的大量监测数据进行处理和分析,识别潜在的安全隐患和变形趋势
	通过建立预测模型,如时间序列分析、神经网络等,对边坡的未来状态进行预测,为施工决策提供支持
施工过程的可视化管理	基于监测数据和三维模型,创建施工过程的可视化场景,使施工人员能够直观地了解边坡的实时状态和施工进度
	利用虚拟现实(VR)和增强现实(AR)技术,为施工人员提供沉浸式的培训和指导,提高施工质量和安全性
远程监控与协同管理	通过互联网技术,实现施工现场与远程监控中心的实时连接,使管理人员能够随时随地掌握施工情况
	建立协同管理平台,整合设计、施工、监测等各方的信息,促进沟通与协作,提高工作效率
风险预警与应急响应	根据数据分析结果,当监测指标超过设定的阈值时,自动发出风险预警信号,提醒相关人员采取措施
	制定应急响应预案,并利用信息化技术实现快速启动和资源调配,降低事故损失

总之,信息化技术在边坡施工中的应用,能够实现对施工过程的全面监控、科学分析和精准决策,有效地提高边坡施工的安全性、质量和效益。

2. 高效协同、智能联动的工作体系

基于露天煤矿中高大软岩边坡的独特性,在追求边坡稳定性的同时,亦注重施工成本的经济性。坚持安全至上、效益并重的原则,力求在确保安全的前提下,精心选择经济高效、性价比优异的施工方案,以实现资源的最优配置与利用。

在地质资料收集方面,采用人工勘察与智能化技术深度融合的先进模式,并引入巡检机器人进行精准辅助,以确保露天煤矿地质信息的全面、准确收集。这些信息随后被整合至地质信息系统中,借助遥感、大数据等现代技术手段,依据三维建模的精细需求,构建出高度逼真的三维地质模型。该模型不仅为露天煤矿的实时状况提供了直观展示,还集成了监测预警、加固系统、智慧决策大脑及试验系统等多元功能模块，实现了对矿山稳定状态的全方位、动态化监测与智能化调整。

在此基础上，充分发挥信息化技术的优势，将智能化勘察、试验系统、监测预警与加固系统等环节紧密连接，构建了一个高效协同、智能联动的工作体系（王勇矿山岩土创新工作室所提出的露天矿 iSlope 框架体系）。通过对露天矿边坡进行三维实时稳定性的深入分析与研判，能够提前预测并评估边坡及周边区域的潜在灾害风险。同时，制定了详尽、周密且切实可行的减灾措施与风险预报方案，为露天煤矿边坡的安全施工提供了强有力的技术支撑与保障。

第二节　使用标准应注意的问题

一、标准、规范条文阅读的方法

设计标准是设计工作应遵循的准则，正确执行条文条件的前提就是要全面理解条文。为了快速、准确、全面地理解条文，下面提供一种阅读标准、规范条文的思路，供设计人员参考。

（1）首先根据工程特点，选择适用的设计标准，将该标准涉及的对应节的条文进行归纳，防止遗漏条文情况发生。

（2）分析适用标准、规范条文规定的相互关系，理解条文对解决工程问题的重难点。

（3）翻阅该适用标准、规范其他章节是否有涉及这类问题的相关条文，以及如何从另一侧重点规定条文之间的相互约束。

（4）阅读具体的条文说明，分析条文说明提供的附加信息对理解和使用条文的作用。

（5）分析确定条文规定的强度，如是否为强制性条款，对比分析所涉及的露天煤矿岩土工程勘察、边坡设计、边坡监测的客观情况，决定如何执行条文规定的相关内容。

在阅读标准、规范条文时，应该总体考虑条文的前后连贯性，不能按照自己主观意识分割条文。同时着重注意条文中要求的严重程度的用词，其中“应”“可”的遵守规定和理解是不同的，不允许混淆概念及执行程度。

二、全面理解标准、规范条文及相关条文的关系

为了提高工程技术人员对条文的理解能力，一般标准、规范中的一条条文仅规定一个技术问题。在工程实际中，技术问题具有复杂、多变的特点，可能涉

及标准、规范中的多条条文。在实际的设计工作中，多种技术问题交叉，需要反复地修改及调整设计方案。制定标准、规范条文时，需要将可能遇到的技术问题进行归纳分类，分成章、节、条、款、项的形式。标准、规范中的章、节、条、款、项具有逐步展开的特点，所以在执行条文的规定时，注意不同标准、规范之间，不同条文之间的逻辑关系，全面、透彻地理解标准、规范条文的内容。

三、标准、规范的条文说明及技术背景

条文说明是帮助人们理解和使用条文的附加信息，对于人们正确理解和使用条文是必不可少的。条文说明应该对条文内容进行必要的技术交底，说明制定条文的主要依据及在执行时需要注意的地方。标准、规范的条文说明有以下几个作用。

1. 交代技术背景

对于不能被每个设计者准确把握的技术含量要求较高且条文中不易明确规定的内容，可以在条文说明中交代相关的技术背景，提醒设计人员在执行条文时加以重视，避免条文执行过程中出现错误。

2. 给出技术依据

对于重要的条文，条文说明应该给出制定的依据，方便设计人员在执行条文时，按照条文的规定，准确把握实际工程中遇到的问题。

3. 提供工程实践参考

对于可以根据工程现场不同的客观条件在实践中采用多种措施解决的技术问题，条文规定一般要求不严，可以根据具体问题具体分析。在条文说明中特别介绍一些典型的工程实践方法，以供设计人员参考。

四、结合工程实际执行标准、规范条文

在进行具体的工程设计时，需要结合现场的实际情况执行相关的标准、规范条文。标准、规范条文的规定是在总结工程实践经验的基础上制定的，所以它具有一定的普适性。对于具体的露天煤矿岩土工程勘察、边坡设计及监测项目，条文规定的内容不一定都需要实现，对于不同的工程情况执行条文的侧重点也应有所区分。

第二章 《露天煤矿岩土工程勘察规范》实施指南

第一节 露天煤矿岩土工程勘察概述

一、露天煤矿岩土工程的概念及特点

露天煤矿岩土工程是以露天采矿学、岩体力学、土力学、构造地质学、工程地质学、弹塑性力学、基础工程学等为基础理论，并将其直接应用在露天煤矿用以解决和处理各项岩土工程中土或岩石的调查研究、利用、改造的一门技术科学。

二、露天煤矿岩土工程勘察的概念

露天煤矿岩土工程勘察是一种根据露天煤矿建设工程的要求，查明、分析、评价建设场地的地质特征、环境特征及岩土工程条件，编制勘察文件的活动。

三、露天煤矿岩土工程勘察的基本准则

1. 露天煤矿岩土工程勘察技术标准

露天煤矿岩土工程勘察技术标准是对露天煤矿岩土工程勘察领域中需要协调统一的技术事项所制定的标准。为贯彻国家经济建设方针政策和基本建设程序，必须遵照执行有关现行的勘察技术标准，以利于提高工程经济效益、环境效益和社会效益，促进勘察技术的发展。

技术标准包括国家、行业、地方、团体、企业等标准，国家标准分强制性和推荐性两种，强制性标准必须执行，同时国家鼓励采用推荐性标准。

露天煤矿岩土工程勘察主要依据的规范为《露天煤矿岩土工程勘察规范》(GB 50778—2012)，属于国家强制性标准。

2. 露天煤矿岩土工程勘察的主要内容

依据《露天煤矿岩土工程勘察规范》，勘察的主要工作内容包括：边坡岩土工程勘察、排土场岩土工程勘察、采掘场岩土工程勘察、工程地质测绘与调查、

勘探与取样、岩土水试验与原位测试、现场监测、边坡稳定性评价、岩土工程评价和勘察成果等。本章具体介绍《露天煤矿岩土工程勘察规范》的内容。

第二节 总 则

一、规范制定的目的

露天煤矿的开采规划与设计，以及对其工程地质条件的精准探测，均依赖于岩土工程勘察工作的细致实施。近年来，随着资源开发的不断完善和发展，所面临的露天煤矿岩土工程勘察项目问题越来越多，为此，中煤科工集团沈阳设计研究院有限公司会同有关单位共同编制了《露天煤矿岩土工程勘察规范》。制定本规范的目的，如 1.0.1 条所规定“为在露天煤矿工程勘察中执行国家的技术经济政策，做到技术先进、经济合理、安全适用、确保质量，制定本规范”。

不同的设计标准中规定的标准制定的目的在含义上略有差异，有的设计标准采用了“为了统一设计标准”，有的设计标准采用了“为了执行国家有关的技术经济政策”这样的写法。这两种写法对于标准没有优劣之分，只是对标准的理解不同。经研究和征求意见，本规范采用了第二种写法，即“为了执行国家有关的技术经济政策”。

1.0.1 条的规定，目的是将本规范作为露天煤矿岩土工程勘察过程中应该遵守的工程实施参考。在规范条文中，除少数黑体字为强制性条文必须严格执行外，大部分条文是在规范条文的框架下根据具体的工程实际由相关设计人员选定，这与“标准”的定义是一致的。有关标准化文件对标准的定义为：“对重复性事物和概念所作的统一规定。它以科学、技术和实践经验的综合成果为基础，经有关方面协商一致，由主管机构批准，以特定形式发布，作为共同遵守的准则和依据。”

二、规范的适用范围

规范 1.0.2 条规定：“本规范适用于新建、改建和扩建露天煤矿边坡和内、外排土场，以及采掘场内的岩土工程勘察。”从条文内容可以看出，该条规定的岩土工程勘察范围包含露天煤矿的开采设计全范围。条文所涉及的露天煤矿为全周期，覆盖新建、改扩建全过程。同时条文涉及的露天煤矿岩土工程勘察对象也覆盖了露天煤矿生产的全部岩土工程实施阶段。

不同于金属露天矿主要由硬岩地层构成，露天煤矿主要由以沉积岩为主的煤系地层构成，因此露天煤矿的边坡具有独特的特点，例如，具有边坡高、走向长、揭露岩层多、地质条件复杂、多数边坡为软岩等特点，并且经常受爆破和运输设备等振动的影响。排土场边坡是由排弃物堆积而成，具有随排土工程的推进而经常变化的特点。对于有内排条件的露天矿，排土场分为内排土场和外排土场。

三、规范的适用条件

规范对“露天煤矿”的定义是“从事露天开采的煤矿企业”，这表明了本规范适用的矿山基本类型。

“新建、改建和扩建露天煤矿”主要指综合考虑政策规定及市场情况，新修建的、在原有设计基础上修改开采设计的、在多种原因影响下需要扩大生产规模的露天煤矿。

“边坡和内、外排土场，以及采掘场”主要指因为露天煤矿开采过程中所产生的以及需要为开采进行服务的附属岩土工程和堆积体。

上述适用的岩土工程勘察的范围划分与其他工程的勘察类型划分不同，之所以这样划分主要是便于界定露天煤矿岩土工程勘察的范围以及针对性，避免与露天煤矿开采工程无关的勘察工程纳入行业投资的范围进行处理。与露天煤矿工程关联度不大的，本规范中暂未考虑。

四、勘察的基本程序

规范 1.0.3 条的规定表达了在设计前、施工前对露天煤矿工程建设岩土工程勘察的原则要求。先勘察、后设计、再施工，是工程建设必须遵守的程序，是国家一再强调的十分重要的基本政策。其中“露天煤矿工程建设在设计和施工前，必须按基本建设程序进行岩土工程勘察”总体规定了露天煤矿岩土工程勘察的相关要求。上述要求中“露天煤矿工程建设在设计和施工前”表明岩土工程勘察是在开采作业的工作流程中最先开展的工作，而“必须按基本建设程序进行岩土工程勘察”反映了岩土工程勘察的必要性。1.0.3 条为黑体字，为强制性执行条款，必须严格执行，表明该项条款执行的必要性，体现了露天煤矿设计和建设的前提就是岩土工程勘察的原则。

岩土工程勘察的基本程序大致为：接受任务、编制勘察纲要、编制经费预算、签订勘察合同、实施工程地质测绘和调查、野外勘探工作、室内试验及资料整理、编写岩土工程勘察报告、提交报告。

(1) 接受任务：确定工作任务。

(2) 编制勘察纲要：勘察纲要是勘察单位工作的设计书，是展开勘察工作的计划和指导性文件，在勘察开始之前，由建设单位会同设计人员填写“岩土工程勘察任务委托书”。委托书中应说明工程的意图和设计阶段，还应提供进行勘察工作所必需的各种图件、资料和文件，即带有建筑物平面布置的地形图、建筑物结构类型与荷载情况表、工程建设的有关批准文件。勘察单位以此为依据，搜集场地附近的已有地质、地震、水文、气象及当地建筑经验等资料，由该项目勘察工作的负责人编写勘察纲要。

(3) 编制经费预算：计算岩土工程勘察费用。

(4) 签订勘察合同：明确各个合同要件，如勘察进场日期、完工日期、出报告日期、报告份数、款项支付时间及比例、勘察单位在施工图设计及工程施工至竣工期间需提供的服务、违约责任及索赔等内容。

(5) 实施工程地质测绘和调查：在正式开始工程地质测绘之前，还应当做好收集资料、踏勘等准备工作，以保证工作的正常有序进行。

(6) 野外勘探工作及室内试验和资料整理：通过钻探、原位测试、土工试验等勘察手段和技术方法有效查明建筑场地岩土的物理力学性质、承载力等。

(7) 编写岩土工程勘察报告：原始资料必须真实、系统、完整。因此，对岩土工程分析所依据的一切原始资料，应及时整编和检查。

(8) 提交报告：勘察报告是岩土工程勘察的总结性文件，一般由文字报告和所附图表组成。

五、工程经验、新技术、新成果、新理论应用

规范 1.0.4 条规定的“露天煤矿岩土工程勘察应按阶段并遵循一定的程序进行，应结合露天煤矿设计任务的要求，并根据露天煤矿的具体特点，因地制宜，选择运用适宜的勘察手段，提供符合露天煤矿设计与施工要求的勘察成果。在勘察工作中应积极采用新技术、新方法和岩土工程新理论”包含三项技术内容和一个层次的规定，其中三项技术内容分别为工程实践经验，设计任务要求和先进技术、方法、理论，一个层次的规定为因地制宜。

相对于其他传统的工程勘察工作，露天煤矿的岩土工程勘察，无论是实际工程经验的积累和总结，还是科学研究的深度和广度，都相对薄弱。岩土工程涉及多种类型的地质构造和工程情况，问题非常复杂。岩土工程勘察中，认真总结以往工程实践经验，并进行必要的科学研究十分必要。“在勘察工作中应积极采用新技术、新方法和岩土工程新理论”，表明国内外先进技术、方法、理论的推广应用，有助于岩土工程勘察方案趋于经济合理，在同等投资水平的条件下，也有助于提高露天煤矿生产的潜在安全度。对于先进技术的推广应用，采取积极慎重的态度是科学的，有助于新技术的正确推广和应用。

六、其他相关标准

规范 1.0.5 条规定“露天煤矿岩土工程勘察，除应符合本规范外，尚应符合国家现行有关标准的规定”。“有关标准”是指与露天煤矿岩土工程勘察相关的行业标准和国家标准，这类标准往往也是由岩土、采矿行业制定，由住房和城乡建设部发布的。

与露天煤矿岩土工程勘察有关的现行技术标准主要有(但不限于)下列几项：

(1)《岩土工程勘察规范》(GB 50021)。

(2)《煤炭工业露天矿设计规范》(GB 50197)。

(3)《中国地震动参数区划图》(GB 18306)。

(4)《矿区水文地质工程地质勘查规范》(GB/T 12719)。

(5)《建筑地基基础设计规范》(GB 50007)。

(6)《湿陷性黄土地区建筑标准》(GB 50025)。

(7)《土工试验方法标准》(GB/T 50123)。

(8)《工程岩体试验方法标准》(GB/T 50266)。

(9)《建筑工程地质勘探与取样技术规程》(JGJ/T 87)。

(10)《煤和岩石切割阻力的测定》(MT/T 796)。

上述技术标准大多在本规范中已经引用，有些本规范虽未引用，但进行设计时可能使用。

第三节　露天煤矿边坡名称与勘察定义类术语

一、术语、符号及类型

术语列举选择的基本原则和要求如下：

(1) 术语应具有特定含义。

(2) 术语是在定义和概念基本正确、清晰，又不会被人误解的前提下，行业内的通俗说法，且尚未纳入标准的。

(3) 国内其他行业标准有相似的术语，应优先采用。

(4) 尽量与国际术语相一致，以利于技术交流。

(5) 当一种术语有多种相似说法时，通过征求意见确定。

规范第 2 章列出的 12 条术语共有三种类型：第一类为露天煤矿定义类(2.1.1～2.1.5 条)，第二类为露天煤矿台阶边坡定义类 (2.1.6～2.1.10 条)，第三类为排土场定义类(2.1.11~2.1.12 条)。该章还列出了 6 个符号,涉及岩石质量、地震参数等,分别为:RQD——岩石质量指标;F——地震力;k——地震系数;m——滑体的质量;α——地震加速度;g——重力加速度。

二、露天煤矿定义类术语

规范 2.1.1 条对"露天煤矿"的定义是"从事露天开采的煤矿企业"。这个定义主要是从行业范畴领域对露天煤矿进行定义,该术语有帮助标准的使用者理解本规范适用范围的作用,避免在岩土工程勘察作业中,因使用本规范将不属于本行业的岩土工程勘察项目列入范围之内。

规范 2.1.2 条对"露天开采"的定义是"直接从地表揭露出矿物并将其采出的作业"。这个定义主要是从开采作业方式的角度对露天开采进行定义。

规范 2.1.3 条对"露天采场"的定义是"进行露天开采的场所"。这个定义主要是从作业范围的角度对露天采场进行定义,该术语定义了露天采场的工作区域及场地,有助于设计人员对规范执行的范围进行划分。

规范 2.1.4 条对"首采区"及 2.1.5 条"剥离物"的定义分别为"露天矿预先划分的若干个区段中首先开采的区段"及"露天采场内的表土、岩层和不进行回收的矿物"。这两条定义为对露天煤矿工作方式及物质的定义。

三、台阶边坡定义类术语

规范 2.1.6 条对"边帮"的定义是"露天采场内由台阶平盘和台阶坡面组成的总体"。这个定义从总体的角度对台阶边壁进行了总结陈述。后续的 2.1.7 条"工作帮"、2.1.8 条"非工作帮"、2.1.9 条"边帮(坡)角"、2.1.10 条"端帮"都是基于 2.1.6 条的定义进行的展开叙述。该组定义术语可以帮助岩土工程勘察设计人员准确把握所涉及的相关部分。

四、排土场定义类术语

规范 2.1.11 条"排土场"是 2.1.12 条"排土"定义作业的场所,排土场的主要功能就是堆放剥离物,排土是向排土场排卸剥离物的作业过程。

规范术语 2.1.1 条、2.1.4 条参考了现行国家标准《煤矿科技术语 第 4 部分:露天开采》(GB/T 15663.4—2008)的定义,2.1.2 条、2.1.3 条、2.1.5~2.1.12 条引自《煤矿科技术语 第 4 部分:露天开采》(GB/T 15663.4—2008)。

第四节　露天煤矿边坡勘察的基本规定

一、基本资料

规范3.0.1条规定了“露天煤矿岩土工程勘察应依据勘察类别、勘察规模及复杂程度等划分阶段，并应提供不同勘察阶段的勘察成果”。该条文规定露天煤矿岩土工程勘察时，应考虑勘察类别、勘察规模、场地的复杂程度等因素，分阶段进行工作，并提供不同阶段的勘察成果。这是对勘察工作开展的具体要求。

设计及生产单位所提出的“露天煤矿边坡（排土场或采掘场）岩土工程勘察任务书”，是露天煤矿岩土工程勘察工作的依据。其主要内容应包括工程名称、勘察阶段、采掘场或排土场范围、采掘工艺、主要技术参数、技术要求等，并附有带地形等高线的采掘场或排土场平面位置图。

勘察纲要是勘察负责人在收集已有资料，了解采掘工艺和设计意图，明确任务和要求的前提下编制而成的。纲要中应明确规定工作方法、工作内容、工作量以及应提交的勘察成果等。

规范3.0.2条、3.0.3条规定了岩土工程勘察的阶段和工作内容、工作方法、工作量需要满足的因素。

岩土工程的勘察阶段应该与采矿工程建设阶段保持一致性，大体分为可行性研究阶段、初步设计阶段、施工图阶段、开采阶段的岩土工程勘察内容。但是因为一些客观因素，造成勘察阶段缺失，在保证已有工程地质资料充分且经济合理时，岩土工程勘察初勘阶段可以允许不做或少做野外地质工作，初勘阶段和岩土工程勘察详勘阶段也可根据工程情况综合开展一次勘察。岩土工程施工勘察阶段，可根据现场实际工程量开展勘察工作。

二、勘察区工程地质条件划分

规范中对勘察区工程地质条件按照研究程度和复杂程度进行了划分。

规范3.0.4条工程地质条件研究程度的划分，主要依据对排土场边坡或采掘场边坡所做的工程地质工作确定。研究工作的深入程度直接影响勘察工作内容和工作量，详细研究过的场地，开展岩土工程勘察时，可以根据工程情况，不继续做或者少做勘察工程，属于查漏补缺；初步研究及未专门研究的场地，在开展工作之前或者同时要开展详细的勘察工作，在本规范各有关条文中针对上述问题已经体现。

规范 3.0.5 条将工程地质条件复杂程度划分为三种，即复杂场地、中等复杂场地和简单场地，其地质程度的划分原则基本与国家及各行业标准划分一致，同时突出露天煤矿的特点。

需要注意的是，规范表 3.0.4 与表 3.0.5 中各条件不需要同时满足，可根据表中要求综合判定，具备其中某一条件即可。

三、岩土工程勘察边坡类型划分

规范 3.0.7 条中对边坡工程类型进行了划分（见表 2-4-1），其主要划分原则是根据我国露天煤矿的边坡规模的实际，按高度和长度各分为三类，该界限主要为布置工作量时的参考，对于界限并没有严格的科学依据，主要是按照我国煤矿边坡的实际工程特点提出的。

表 2-4-1　岩土工程勘察中边坡类型的划分

按最终边坡高度划分		按各边帮上部境界长度划分	
高边坡	＞300 m	长边坡	＞3 000 m
中高边坡	100～300 m	中长边坡	1 000～3 000 m
低边坡	＜100 m	短边坡	＜1 000 m

第五节　采掘场边坡岩土工程勘察

一、一般规定

露天煤矿的生产作业过程中，随着开采工作的不断进行，采掘场边坡也实时变化，所以有必要针对采掘场边坡进行必要的岩土工程勘察工作。采掘场边坡岩土工程勘察是边坡稳定性评价的重要基础工作。露天煤矿采掘场最终边坡角的大小和稳定程度对露天煤矿的剥离量、生产和安全影响极大，是影响露天开采经济效益的重要因素之一。可靠的工程地质参数是确定经济合理的边坡角的基础。

规范 4.1.1 条规定“边坡岩土工程勘察工作应紧密结合露天开拓方案并围绕露天矿各边帮进行。重点应查明非工作帮、工作帮、端帮可能引起滑落的地质因素”，这部分主要强调采掘场边坡岩土工程勘察工作的重要性。“主要应查明露天开采的最下一个煤层或潜在滑动面以下 50 m（垂直厚度）范围内软弱层（面）、结构层（面）、构造层（面）的层位、层数、厚度、岩性、分布范围，以及物理力学性质等;并应在设计部门正式划定露天矿境界和首采区位置后,再进行专门的边坡工程岩土工程勘察工作”,这部分意在强调采掘场边坡岩土工程勘察工作的重点展开区域及重点查明部位。

规范 4.1.2 条规定边坡工程岩土工程勘察的主要内容,其中“查明露天煤矿边坡的工程地质、水文地质条件”是最基础的,只有掌握了全面的边坡地质水文信息,才能对下一步“影响边坡稳定性的诸因素进行分析并评价其影响程度”做出准确的判断,进而确定“边坡稳定性计算参数”、“边坡角和可能的失稳模式”和“合理的治理措施与监测方案”。

规范 6.1.1 条规定“采掘场岩土工程勘察,应对剥离物强度、剥离物与煤的切割阻力,以及各台阶基底承载力进行试验、测定与评价”。煤岩切割阻力、岩土体对地比压是采掘场岩土工程勘察工作的重要任务,应引起从事勘察工作的技术人员的重视。

规范 4.1.1 条、4.1.2 条和 6.1.1 条结合规定了采掘场岩土工程勘察工作的整体开展流程,主要阐述了工作方法、任务和必要性。采掘场边坡的岩土工程勘察主要分为以下几个方面:工程地质测绘与调查、勘探与取样、岩土体物理力学试验与原位测试。

二、露天煤矿岩土工程勘察的阶段

规范 4.2～4.5 节分别阐述了边坡岩土工程在可行性研究阶段、初步设计阶段、施工图设计阶段和开采阶段中,不同阶段的工作任务、范围、目的和要求。

可行性研究阶段主要是通过收集、分析区域和矿区工程地质、水文地质资料,提出采掘场最终边坡角。这一阶段的勘察工作,主要是以收集资料为主。根据所收集到的资料,与边坡设计需要的内容进行对比,只有当工程地质条件复杂、所收集到的资料不能满足设计要求时,才适当进行地质调查工作和少量的勘探与试验工作。这是一个初步研究的阶段,初步提出采掘场最终边坡角。

初步设计阶段地质工作仍以收集资料为主,同可行性研究阶段一样,尽量少做野外地质勘察工作。初步掌握勘察区工程地质、水文地质条件,重点是查清影响边坡稳定性诸因素及岩土物理力学性质;初步进行工程地质分区,确定各分区边坡破坏模式,进行稳定性分析与计算。

施工图设计阶段主要应查清影响边坡稳定性的工程地质、水文地质因素,尤其是对边坡稳定有制约作用的软弱结构层(面)的分布、厚度、产状及主要物理力学性质、结构规律等。在这个阶段,应该有详细的工程地质测绘,在此基础上,对勘察区进行工程地质分区,查清各分区工程地质、水文地质条件,着重进行岩、土体及软弱结构层(面)的室内和原位试验,特别是抗剪强度试验。应该详细增加对评价的边坡区域进行工程地质分区,相应的原则有"每个工程地质分区应具有同一的工程地质特点(地层岩性、岩组划分、构造特性、岩体结构特征、水文地质条件等)""每个工程地质分区,具有同一边坡破坏模式""每个工程地质分区对设计和施工都有不同的要求"。

开采阶段是岩土工程勘察最有利、最主要的阶段。该阶段拉沟开采实施后,对原有勘探报告的地层进行了实际揭露,形成了人工地质露头,此时,可以充分利用采掘揭露的边坡做进一步的地质测绘调查与描述,并可选择适当的部位进行原位测试,对原有勘察成果进行进一步的验证、校验与补充完善。

在开采阶段的初期,往往会发生一些小型滑坡,更应该对实际发生的滑坡进行专门的勘察研究,反演滑坡的实际参数,作为重要的地区经验加以积累,并用于后期的滑坡设计与治理之中。开采阶段边坡岩土工程勘察应充分利用岩层已被揭露的有利条件,进行有针对性的原位直剪试验,取得准确的工程地质参数,对边坡稳定性做出预报和采取治理加固措施。

四个阶段由浅入深,从露天煤矿基建前的可行性研究阶段,到实际揭露后的开采阶段,层层深入,最终实现对矿山边坡岩土工程的全面掌握,为矿山的设计、监测提供重要依据。

三、露天煤矿岩土工程勘察外业地质工作

(一)工程地质测绘与调查

1. 工程地质测绘与调查阶段

在采掘场边坡岩土工程勘察阶段,工程地质测绘与调查主要涉及以下几个阶段:

(1)可行性研究阶段,以收集有关资料和必要的工程地质踏勘调查为主

采掘场边坡岩土工程勘察在可行性研究阶段的工作重点是,对拟进行开采作业的露天煤矿的稳定性和适宜性做出评价,其任务要求主要为:① 搜集区域地质、地形地貌、地震、露天煤矿的工程地质资料及附近露天煤矿关于采掘场边坡的工程建设经验。② 在搜集和分析已有资料的基础上,通过踏勘了解场地的地层、构造、岩土的性质和不良地质现象及地下水等工程地质条件。不良地质现象包括滑坡、崩塌、活断层等地质情况。③ 对工程地质条件复杂,已有工程地质资料不符合岩土工程勘察要求,但其他方面条件较好且倾向于选取的场地,应根据具体情况进行工程地质测绘及必要的勘探工作。规范 7.1.1 条中"在可行性研究阶段搜集资料时,宜包括航空相片、卫星相片的解译结果"也对可行性

研究阶段提供了调查参考。

该阶段的主要任务是，从主要工程地质条件方面搜集资料，并对场地的适宜性做出明确的结论，然后配合有关专业的其他人员，从工程技术、施工条件、使用要求和经济效益等方面进行全面考虑，最后选择一个比较优良的方案。

(2) 初步勘察阶段，开始对勘察场区进行详细的工程地质测绘与调查

初步勘察是在可行性研究勘察基础上，根据已掌握的资料、实际需要进行工程地质测绘或调查以及勘探测试工作，为确定采掘场边坡的形式以及不良地质现象防治工程方案提供相应资料，对采掘场边坡地段的稳定性做出岩土工程评价，其主要工作内容如下：① 搜集可行性研究阶段岩土工程勘察报告，取得采掘场范围的地形图及有关工程性质、规模的文件。② 初步查明地层、构造、岩土物理力学性质、地下水条件以及煤层深度等信息。③ 查明采掘场边坡不良地质现象的类型、规模、成因、分布，对采掘场边坡稳定性的影响及其发展趋势。④ 对抗震设防烈度大于或等于 7 度的矿区，应结合地震效应判定采掘场边坡的稳定性。

对于可行性研究及初步勘察阶段，规范 7.1.1 条明确指出“工程地质测绘与调查，宜在可行性研究阶段或初步勘察阶段进行。其任务应为调查研究勘察区的地形、地貌、地层岩性、构造、水文地质条件、各种不良地质作用；划分工程地质单元体、进行工程地质分区；研究不良地质作用对场地的影响，分析场地工程地质条件和问题；对场地的稳定性和适宜性做出初步评价；为采掘场边坡的设计、所要采取的防治措施和进一步勘探、试验和专门性的勘察工作提供依据”，这指明了露天煤矿采掘场边坡岩土工程勘察重点需要开展工作的时间节点。

工程地质测绘是露天煤矿岩土工程勘察中一项最重要、最基本的勘察方法，它是运用地质理论对与露天煤矿边坡有关的各种地质现象进行详细观察和描述，并按照精度要求将它们如实地反映在照片和一定比例尺的图上；对于地质条件较复杂或上部有露天煤矿重要建筑物的边坡，更应进行露天煤矿边坡工程地质测绘。

2. 工程地质测绘与调查工作方法

规范 7.2.1 条对采掘场边坡工程地质测绘与调查列举了一些工作方法，即“工程地质测绘与调查应包括搜集、分析、利用场区已有资料与进行实地踏勘、调查、测绘工作”。其列举的方法主要有：测线测绘法、界线追踪法、露头标绘法、路线穿越法。

(1) 测线测绘法

规范 7.2.1 条对测线测绘法的描述为“适用于控制全场区的测绘”，这表明

测线测绘法的适用场景为大范围区域。规范中对测线布置和间距提出了一定的要求，测线应按垂直于岩层走向线或主要构造线布置，并宜与矿区原有的勘探线结合。测线间距宜为 100～300 m，应根据场区地质复杂程度确定，对于地质条件特别复杂的场区，测线间距可以小于 100 m 布置。规范同时提出测线间的地质界线应该用内插法编连。对边坡稳定有重要影响的地质界线，应在两测线间补插观察点。

(2) 界线追踪法

规范 7.2.1 条中对界线追踪法的描述为“应沿重要的地质界线和结构面进行追踪，应布置观测点”。界线追踪法主要追索某些重要地质现象(如标志层、矿层、地质界线、断层等)的延展变化情况和地质体的轮廓，对于长度大于 30 m 的构造形迹应该标绘在工程地质图中。

(3) 露头标绘法

露头标绘法在规范中主要应用于“岩石出露不好、露头所占面积较小”的场景。在第四系覆盖区，应将所有的露头(含岩层、结构层面)全部标绘在工程地质图中。

(4) 路线穿越法

规范中规定“应垂直穿越地貌单元、边帮走向布点测绘”。该方法主要将观察路线布置在与岩层走向或构造线大致直交的方向上，地质人员沿观察路线进行观察，记录所遇到的露头，并标定地质界线，作出地质剖面图。路线之间的地质界线编绘，可以用内插法及岩层产状与地形关系(即 V 字形规则)来确定，这种方法对工程地质人员的熟练度要求很高。其中该方法观测点布置地点应符合规范 7.2.2 条中所列规定，在图上距离要根据不同比例尺进行计算，数量不做具体规定。

3. 采掘场边坡工程地质测绘与调查工作内容

规范 7.3.1～7.3.6 条中对采掘场边坡工程地质测绘的工作内容进行了规定，主要为地形地貌、地层岩性、地质构造、地表水及地下水、自然边坡和人工边坡与不良地质作用的测绘与调查等内容。

(1) 主要工作内容

① 查明地形、地貌特征及其与地层、构造、不良地质作用的关系，划分地貌单元。调查植被的性质及其与地形要素的关系。同时查明有无古河道、河漫滩等河谷地貌。

② 查明地层岩性。岩土的年代、成因、性质、厚度和分布；对岩层应鉴定其风化程度，对土层应区分新近沉积土、各种特殊性土的不同性质。

③ 查明地质构造。岩体结构类型，结构面(尤其是软弱结构面)的产状和性

质，岩、土接触面和软弱夹层的特性等，新构造活动的形迹及其与地震活动的关系。

④ 查明地表水及地下水的关系。地下水的类型、补给来源、排泄条件，井泉位置，含水层的岩性特征、埋藏深度、水位变化、污染情况及其与地表水体的关系。搜集气象、水文、植被、土的标准冻结深度等资料；调查最高洪水位及其发生时间、淹没范围。

⑤ 查明不良地质作用的影响。关注岩溶、土洞、滑坡、崩塌、泥石流、冲沟、地面沉降、断裂、地震震害、地裂缝、岸边冲刷等不良地质作用的形成、分布、形态、规模、发育程度及其对工程建设的影响。

⑥ 规范 7.3.5 条中对“自然边坡和人工边坡”的调查内容进行了专门的规定。

首先，“调查勘察区及其附近地质条件相似的自然边坡，分析稳定坡角与边坡高度、地层岩性、水文地质条件的关系”，这里所采用的调查方法为工程类比法，主要应用在自然边坡场景。在采掘场边坡工程地质勘探作业中，如在勘察区附近有已完成勘探，勘探成果可应用的边坡可以采用此种方法。该方法可以考虑多种非确定性的影响因素。

其次，“调查人工边坡的类型、坡面岩性的类型、坡面岩体破碎情况、节理裂隙的统计、有无危岩及潜在滑体、已滑边坡类型及其形成机制、稳定边坡与不稳定边坡所形成的台阶坡面角等”。因为采掘场边坡绝大部分属于人工开挖边坡，对于人工边坡的工程地质调查，应该着重研究，做到细致全面。

（2）节理裂隙测绘调查

这里特别指出，在节理裂隙的调查中，对出露长度大于 20 m 的节理需单独标绘，参照加拿大矿物和能源技术中心编制，由冶金工业出版社 1984 年出版的《边坡工程手册》（上册），较大不连续面（延伸长度大于 20 m）特征（如位置、方位、起伏度、充填物和裂隙面强度、张闭性等）对总体边坡的稳定性有较大的影响。

露天煤矿中，对于坚硬岩石构成的边坡，应该对裂隙测绘调查的结果进行下列计算并绘制有关图件：

① 节理发育方向玫瑰图。

节理发育方向玫瑰图的编制方法：作任意大小的半圆，画上方向和刻度，将裂隙走向按每 5°或 10°分组，统计每一组内的裂隙条数和平均走向，自半圆中心沿半径引辐射直线，直线长度（按比例）代表每一组裂隙的条数，直线的方位代表每一组裂隙平均走向的方位，然后将各组裂隙辐射线的端点连起来，即成玫瑰图，如图 2-5-1 所示。

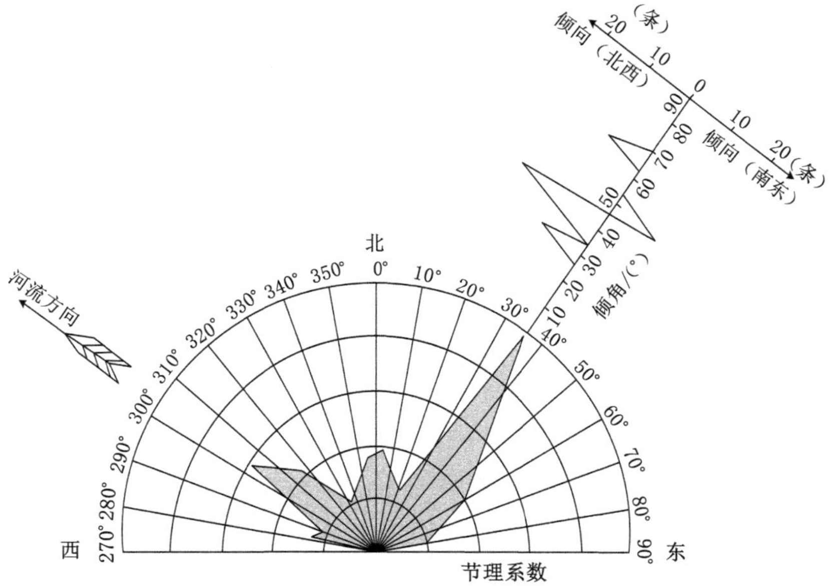

图 2-5-1 节理发育方向玫瑰图

② 裂隙数量的统计(用裂隙率表示)。

裂隙率 K_j 即一定露头面积内裂隙所占的面积,其计算式如下:

$$K_j = \frac{\sum A_j}{F} \tag{2-5-1}$$

式中 $\sum A_j$—— 裂隙面积的总和,m^2;

F——所测量的露头面积,m^2。

裂隙发育程度按裂隙率分为:

弱裂隙性:$K_j \leqslant 2\%$;

中等裂隙性:$2\% < K_j \leqslant 8\%$;

强裂隙性:$K_j > 8\%$。

(3) 岩体结构类型

根据统计学观点,同一母体的样品达 50 个即构成大子样,其统计参数即能代表母体参数,所以每个观察点节理统计条数不少于 50 条。所谓优势发育方向是指不连续面中较发育的方向。岩体结构类型划分为以下 4 种:

① 块状结构类型。坚硬块状岩体,不存在较大结构面或厚层状岩体,软弱层(面)间距较大,边坡稳定性一般较好。按岩层倾向与坡向关系划分亚类。

② 层状结构类型。由坚硬层状岩体组成,有软硬相间的特点,结构面发育,边坡稳定性受控于层面的性质及层面与边坡的相对位置。按岩层倾向与坡向

关系划分亚类。

③ 碎裂结构类型。由层状或块状岩体组成,结构面发育,岩体较为破碎,边坡稳定性比较差。按岩层倾向与坡向关系划分亚类。

④ 散体结构类型。构造破碎带中的或经风化分解形成的碎块或泥质物质等,可按泥质物质的含量多少划分亚类。

4. 采掘场边坡工程地质测绘与调查成果资料

工程地质测绘与调查的成果资料主要包括以下内容:工程地质测绘实际材料图、综合工程地质图或工程地质分区图、综合地质柱状图、工程地质剖面图及各种素描图、照片和文字说明等材料。

规范 7.4.1 条中对边坡的工程地质分区进行了要求,即“在工程地质测绘与调查的基础上,应根据勘察区工程地质条件进行分区,初步判定各分区边坡的稳定程度、发展趋势和可能破坏模式”。由于目的、用途不同,边坡的工程地质分区分为单项指标和多指标综合性分区。单项指标分区是以单项工程地质因素(如岩性、构造、水文地质条件等)作为主要因素进行工程地质分区,作为研究的背景图或专题图;多指标综合性分区是综合考虑勘察区各项工程地质因素进行分区,初步判定各分区各类边坡的稳定程度、发展趋势等内容。

规范 7.4.2 条对工程地质图的比例尺进行了一系列的规定,即“工程地质图的比例尺不应大于工程地质测绘与调查的比例尺,精度不应小于工程地质测绘与调查的精度,宜在矿区地形地质图和矿山采剥计划图的工作底图上进行”。同时可将规范 7.4.3 条中所涉及的 7 类内容反映到图件中。

(二) 勘探和取样

1. 勘探和取样的工作方法与要求

采掘场边坡岩土工程勘探是在地壳表层某一深度范围内进行,查明这一深度范围内采掘场边坡岩土体的空间分布情况及其工程性质以及地下水等条件。规范 8.1.1 条中列举了几种主要的勘探方法,如钻探、井探、槽探、硐探和地球物理勘探等。在经济技术可行的情况下,宜将多种勘探手段配合使用。

(1) 钻探与取芯

钻探是利用深部钻探的机械工程技术,以开采地底自然资源,或采取地层的剖面实况,撷取实体样本用于试验,以取得相关数据资料的工程地质勘探活动。钻探工程是使用最广泛的一类勘探手段,普遍应用于采掘场边坡工程的勘探,由于它对一些重要的地质体或地质现象有时可能会误判、遗漏,所以也称它为“半直接”勘探手段。

钻探可以在各种环境下进行,一般不受地形、地质条件的限制;能直接观察岩芯和取样，勘探精度较高；能提供做原位测试和监测工作的条件，最大限度地发挥综合效益；勘探深度大，勘探效率较高。

钻机结构示意图如图 2-5-2 所示。

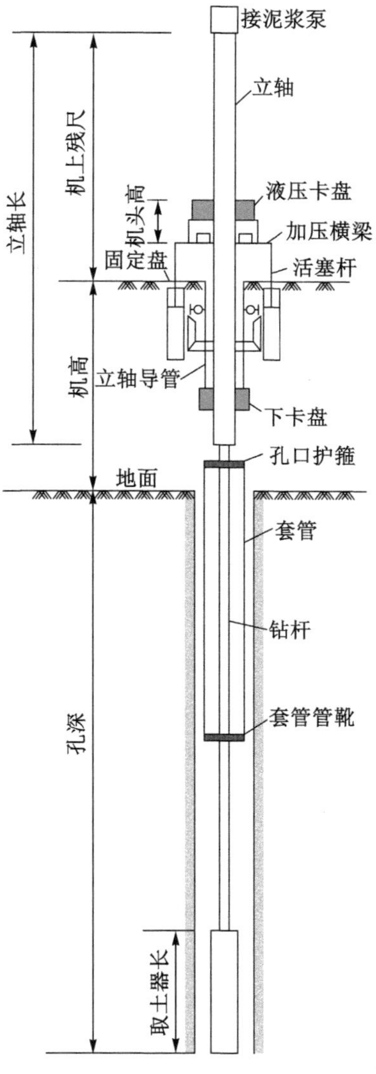

图 2-5-2　钻机结构示意图

钻探方法的选取可以依据规范 8.2.1 条规定，如表 2-5-1 所示。该钻探方法选择的原则是沃斯列夫提出的，包括：钻进地层的特点及不同方法的有效性；能保证以一定的精度鉴别地层，了解地下水的情况；尽量避免或减轻对取样段的扰动影响。

表 2-5-1　钻探方法分类

钻探方法		钻进地层					勘察要求	
		黏性土	粉土	砂土	碎石土	岩石	直观鉴别、采取不扰动试样	直观鉴别、采取扰动试样
回转	螺旋钻探	++	+	+	×	×	++	++
	无岩芯钻探	++	++	++	+	++	×	×
	岩芯钻探	++	++	++	+	++	++	++
冲击	冲击钻探	×	+	++	++	×	×	×
	锤击钻探	++	++	++	+	×	++	++
振动钻探		++	++	++	+	×	+	++
冲洗钻探		+	++	++	×	×	×	×

注：++表示适用，+表示部分适用，×表示不适用。

钻探与取芯应该符合规范中 8.2.3 条规定：① 钻进深度和岩土分层深度的量测精度，不应低于±5 cm。② 应严格控制非连续取芯钻进的回次进尺，使分层精度符合要求。③ 定向钻进的钻孔应分段进行孔斜测量，倾角和方位的量测精度应分别为±0.1°和±0.3°。④ 对鉴别地层天然湿度的钻孔，在地下水位以上的土层应进行干钻。当必须加水或使用循环液时，应采用双层岩芯管钻进。

钻孔记录和编录是钻进过程的详细文字记载，也是岩土工程钻探最基本的原始资料。在钻进过程中必须认真、细致地做好观测与编录工作，以全面、准确地反映钻探工程的第一手地质资料。野外记录应由经过专业训练的人员承担；记录应真实及时，按钻进回次逐段记录，严禁事后追记；钻探成果可用钻孔野外柱状图或分层记录表示；岩土芯样可根据工程要求保存一定期限或长期保存，亦可拍摄岩芯、土芯彩照纳入勘察成果资料。

各类露天边坡岩土的野外描述应符合下列规定：

① 碎石土宜描述颗粒级配、颗粒形状、颗粒排列、母岩成分、风化程度、充填物的性质和充填程度、密实度等；

② 砂土宜描述颜色、矿物组成、颗粒级配、颗粒形状、细粒含量、湿度、密实度等；

③ 粉土宜描述颜色、包含物、湿度、密实度等；

④ 黏性土宜描述颜色、状态、包含物、土的结构等；

⑤ 特殊性土除应描述相应土类规定的内容外，尚应描述其特殊成分和特殊性质，如对淤泥尚需描述嗅味，对填土尚需描述物质成分、堆积年代、密实度和均匀性等；

⑥ 对具有互层、夹层、夹薄层特征的各类岩石，尚应描述各层的厚度和层理特征。

钻探过程为保证岩芯采取率和完整性，每回进尺应满足要求；岩芯按顺序装箱摆放，并布设与台班记录相符的标签，岩芯严禁失水、冷冻；钻进台班记录、地质素描要完整、全面，尤其在岩芯描述上要具体（包括：颜色、岩性、矿物成分、含水情况、RQD、岩块结构等），同时工程地质岩样要封装，内外附标签（标签内容与登记记录一致，具体包括：孔号、取样深度范围、岩性、颜色、性状等），严禁扰动。钻孔完成后，对钻孔进行电测井，形成工程地质柱状图、剖面图。

规范 8.2.4 条对“钻孔的记录和编录”进行了详细的规定。岩芯的编录内容包括：① 岩石名称、矿物成分、结构、构造、硬度、蚀变状态、风化程度等；② 岩石的破碎状况、岩石质量指标 RQD、裂隙密度（条/m）；③ 不连续面的类型、粗糙状况、充填情况；④ 点荷载试验成果等；⑤ 定向岩芯段不连续面的类型、粗糙度、间距、充填状况、岩石硬度、构造角和方位角等。为长期保存岩芯资料，应将全部岩芯拍成彩色照片归档。

特别地，对于露天煤矿的滑坡体钻进，为保证滑坡钻探的岩芯质量，钻进方法应采用干钻、双层岩芯管、无泵孔底反循环等方法进行。钻进中应随时注意地层的破碎、密度、湿度的变化情况，详细观察分析确定滑动面位置。当钻进快到预计滑动面附近时，回次进度不应超过 0.15～0.30 m，以减少岩芯的扰动，便于鉴定滑动特征。

需要注意的是，勘探孔、井如不妥善回填，可能造成对自然环境的破坏，这种破坏往往在短期内或局部范围内不易察觉，但如不妥善处理，经过一段时间的发育、扩展可能引起严重后果。因此，一般情况下孔、井均应回填，且应分段回填击实。特别是边坡勘察孔、井，其钻孔往往会引起与其他水力的联系，从而危及边坡的安全与稳定。所以，更应该注重对孔、井的回填工作。

（2）井探、槽探、硐探

井探、槽探、硐探手段是钻探方法的补充形式，属于配合工程地质测绘与调查的浅部勘探工程，其特点和适用条件如表 2-5-2 所示。

表 2-5-2 井探、槽探、硐探工程的特点及适用条件

名称	特点	适用条件
槽探	地表深度 3～5 m 的长方形探槽	剥除地表覆土，揭露基岩，划分地层、研究断层破碎带；探查残坡积层的厚度和物质、结构
井探（浅井）	地表向下、竖直的、5～15 m 的圆井或方井	确定覆盖层及风化层的岩性及厚度；做荷载试验，取原状土样

表 2-5-2(续)

名称	特点	适用条件
井探（竖井、斜井）	形状、规格跟浅井相同，深度大于15 m，有时需支护	了解覆盖层的厚度和性质，风化壳分带软弱夹层分布、断层破碎带及岩溶发育情况、滑坡体结构及滑动面等；布置在地形较平缓、岩层又较缓倾的地段
硐探	在地面有出口的水平坑道，深度较大，有时需支护	调查斜坡地质结构，查明河谷地段的地层岩性、软弱夹层、破碎带、风化岩层等；做原位岩体力学试验及地应力测量，取样布置在地形较陡的山坡地段

在大中型边坡勘察时，当需详细调查深部岩层性质及其构造特征时，可采用竖井或平硐。探井的深度不宜超过地下水位。竖井和平硐的深度、长度、断面应按工程要求确定。

规范 8.3.3 条规定："对井探、槽探、硐探除应文字描述记录外，尚应以剖面图、展开图等反映井、槽、硐壁及底部的岩性、地层分界、构造特征、取样及原位试验位置，并应辅以代表性部位的彩色照片。"

展开图，是沿井探、槽探、硐探工程的壁、底面所编制的地质断面图，按一定的制图方法将三维空间的图形展开在平面上。不同类型坑探工程展开图的编制方法和表示内容有所不同，其比例尺应视井探、槽探、硐探工程的规模、形状及地质条件的复杂程度而定，一般采用 1∶25～1∶100。展开图是井探、槽探、硐探工程编录的主要内容，也是该浅部工程所需提交的主要成果资料。槽探展开图可分为坡度展开法和平行展开法；井探可分为四壁辐射展开法、四壁平行展开法。现场探槽照片如图 2-5-3 所示。

图 2-5-3　现场探槽照片

（3）地球物理勘探

地球物理勘探是一种辅助的综合勘探方法，它是通过研究和观测各种地球物理场的变化来探测地层岩性、地质构造等地质条件。由于组成地壳的不同岩层介质往往在密度、弹性、导电性、磁性、放射性以及导热性等方面存在差异，这些差异将引起相应的地球物理场的局部变化。通过量测这些物理场的分布和变化特征，结合已知地质资料进行分析研究，从而达到推断地质性状的目的。

① 地球物理勘探的使用场景。

规范 8.4.1 条规定："地球物理勘探应与工程地质测绘和钻探配合使用"。表明几种勘探手段应该相互配合、相互验证，以提高地球物理勘探成果的解释精度和地质效果，达到最优的勘探效果。在岩土工程勘察中地球物理勘探的使用场景主要有如下几种：

a. 作为钻探的先行手段，了解隐蔽的地质界线、界面或异常点。

b. 作为钻探的辅助手段，在钻孔之间增加地球物理勘探点，为钻探成果的内插、外推提供依据。

c. 探测采空区及空巷范围。

d. 对边坡勘探钻孔进行地球物理测井。

e. 作为原位测试手段，测定岩土体的波速、动弹性模量等。

② 地球物理勘探方法。

规范中提及的地球物理勘探方法有电法、地震波法、声波探测、物理测井法等。电法包括：高密度电阻率法、激发极化法、电磁法、瞬变电磁法。

a. 高密度电阻率法是一种阵列勘探方法，野外测量时只需将全部电极（几十至上百根）置于测点上，然后利用程控电极转换开关和电测仪便可实现数据的快速和自动采集。当测量结果传送至电脑后，对数据进行处理并给出关于地电断面分布的各种物理解释的结果。

b. 激发极化法（或激电法），是以岩、矿石激发极化效应的差异为基础来解决地质问题的一类勘探方法。

c. 可控源音频大地电磁法，是在大地电磁法和音频大地电磁法基础上发展起来的一种可控源频率测深方法。

d. 瞬变电磁法是利用不接地或接地线源向地下发送一次场，在一次场的间歇期间，测量由地质体产生的感应电磁场随时间的变化，根据二次场的衰减曲线特征，判断地下不同深度地质体的电性特征及规模大小。

e. 地震波法是通过激发产生人工地震波，地震波沿着与地面垂直的方向传播，在碰到质地相对致密的岩层以后，一部分波被反射回地面，预先在地面安置许多呈现点阵的检波器，这些检波器能够把地面微弱的震动变成电子信号，通过连接线传输到接收机里，接收机的功能是分道记录不同位置的检波器的电信号，早期是把经过自动增益控制的放大的电流随时间的进程记录在照相纸上，最近30年来已经使用模拟和数字法把信号记录在电脑专用软件中。

f. 物理测井法：对于露天煤矿岩土工程勘察中的边坡勘探钻孔，进行地球物理测井非常必要，可进一步探讨地球物理测井曲线中各参数与组成边坡的岩石物理力学性质参数中某个指标的相关性，以做到相对定性或定量地确定边坡岩体的强度指标。

2. 岩土水取样

规范8.5.1条对土试样进行了四级质量等级划分，如表2-5-3所示。

表 2-5-3　土试样质量等级划分

级别	扰动程度	试验内容
Ⅰ	不扰动	土类定名、含水率、密度、强度试验、团结试验
Ⅱ	轻微扰动	土类定名、含水率、密度
Ⅲ	显著扰动	土类定名、含水率
Ⅳ	完全扰动	土类定名

注：1. 不扰动指原位应力状态虽已改变，但土的结构、密度、含水率变化很小，能满足室内试验各项要求。

2. 如确无条件采取Ⅰ级土试样，在工程技术要求允许的情况下可以Ⅱ级土试样代用，但宜先对土试样受扰动程度做抽样鉴定，判定用于试验的适宜性，并结合地区经验使用试验成果。

对边坡土体部分采取Ⅰ、Ⅱ级土试样，其取土器规格、类型应按国家有关标准规定采用，为保证取土质量，原则上宜以静压取土为主。

规范4.1.4条对取样间距及数量进行了规定："当需采取岩土试样时，土层采样间距宜为2～5 m，基岩可根据需要选取。但每个不同区段的主要层位试样数量，土样不得少于6件，岩样不得少于9件。"

（三）勘探与取样手段在不同边坡岩土工程勘察阶段的适用性

（1）可行性研究勘察阶段，工程地质测绘勘探往往是配合测绘工作而开展的，而且较多地使用物探手段，钻探和坑探主要用来验证物探成果和取得基准剖面。

（2）初步勘察阶段，勘探工作比重较大，以钻探工程为主，并利用勘探工程取样，作为原位测试和监测的依据。

（3）在详细勘察阶段，主要开展直接勘探工作，还应配合进行大量的原位测试工作。

四、岩土体物理力学试验与原位测试

（一）一般规定

在采掘场边坡岩土工程勘察过程中，为了取得工程设计所需要的岩土体物理、力学、水理性质指标，以及含水层参数等定量指标，需要开展岩土体物理力学试验与原位试验结合测试。规范 9.1.3 条规定“试验测试项目和试验测试方法，应根据工程要求、岩土条件、地区经验和试验测试方法的适用性等因素综合确定”。在进行岩土工程勘察试验时应考虑多种因素综合选择试验与测试项目与方法。其试验与测试条件要尽可能与工程实际相适应。

规范中将测试分为四部分，分别为土工试验与测试、岩石试验与测试、排弃物料试验与测试、水的试验与测试。

（二）土工试验与测试

土工试验与测试可以揭示土一般的力学性质和规律，了解特定土的物理力学性质，同时确定各种理论和工程设计参数，验证各种理论的正确性和适用性。

通过土工模型试验、足尺试验不仅可以验证理论与数值计算的合理性，还可用以解决实际工程问题，结合原位测试结果可以为数值计算的反分析安全性评价和信息化施工服务。

土工材料物理性质试验一般包括密度、比重、颗粒分析、含水率、相对密度等参数。对于水理性质试验应包括液限、塑限、含水率等参数。力学性质试验应包括压缩系数、压缩模量、黏聚力、内摩擦角、残余抗剪强度等参数。

规范 9.2.2 条中说明“土层的原位测试应根据实际工程需要与工程地质条件选择适宜的测试方法”。土层的抗剪强度指标是露天煤矿边坡勘察中最为重要的指标之一，原位测试项目也主要是围绕获得抗剪强度指标来选择适宜的方法。土工试验的方法可以依据土层条件进行划分，如表 2-5-4 所示。

表 2-5-4 土工试验类型选取

土层分类	试验类型
软土	静力触探试验、十字板剪切试验与扁铲侧胀试验等
一般性黏土	现场直接剪切试验、静力触探试验、波速测试、标准贯入试验、旁压试验与扁铲侧胀试验等

表 2-5-4(续)

土层分类	试验类型
粉土	现场直接剪切试验、静力触探试验、波速测试、标准贯入试验、旁压试验与扁铲侧胀试验等
砂土	现场直接剪切试验、静力触探试验、波速测试、标准贯入试验、旁压试验与扁铲侧胀试验等
碎石类土	现场直接剪切试验、动力触探试验、波速测试与旁压试验等

针对几种典型的试验类型简要介绍如下。

1. 静力触探试验

静力触探测试简称静探，是把一定规格的圆形探头借助机械匀速压入土中，并测定探头阻力等参数的一种测试方法，实际上是一种准静力触探试验。试验是用机械装置把带有双层管的圆锥形探头压入土中，在地面上用压力表分别量测套筒侧壁与周围土层间的摩阻力和探头锥尖贯入土层时所受的阻力。

静力触探试验主要用于对地基土进行力学分层并判别土的类型；确定地基土的参数(强度、模量、状态、应力历史)、浅基承载力、单桩竖向承载力等。

2. 标准贯入试验

标准贯入试验习惯上简称为标贯。它使用 SPT 锤将钻杆底部的对开管式贯入器打入钻孔孔底的土中，取得土样。贯入 300 mm 所需要的锤击数称为 N 值，其与土体强度有关。

标准贯入试验应用对象偏重于松散介质，主要应用于划分风化岩与残积土的界限。

标准贯入试验设备由标准贯入器(图 2-5-4)、触探杆及穿心锤(即落锤)组成。标准贯入试验的设备规格见表 2-5-5。

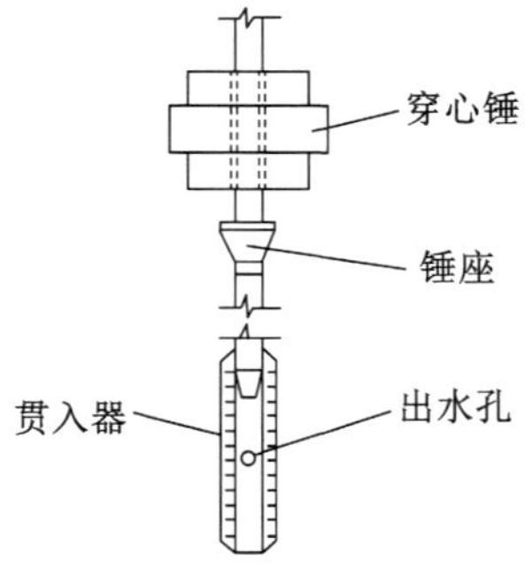

图 2-5-4　标准贯入器示意图

表 2-5-5 标准贯入试验设备规格

落锤		锤的质量/kg	63.5
		落距/cm	76
贯入器	对开管	长度/mm	＞500
		外径/mm	51
		内径/mm	35
	管靴	长度/mm	50～76
		刃口角度/(°)	18～20
		刃口单刃厚度/mm	1.6
钻杆		直径/mm	42
		相对弯曲	＜1/1 000

试验要点如下：

(1) 与钻探配合进行，先钻进到需要进行试验的土层标高以上约 15 cm，清孔后换用标准贯入器，并量得深度尺寸。

(2) 采用自动脱钩的自由落锤法进行锤击，并减少导向杆与锤间的摩阻力，避免锤击时的偏心和侧向晃动，保持贯入器、探杆、导向杆连接后的垂直度。

(3) 以每分钟 15～30 击的贯入速度将贯入器打入试验土层中，先打入 15 cm 不计击数，继续贯入土中 30 cm，记录锤击数 N。若地层比较密实，贯入击数较大时，也可记录贯入深度小于 30 cm 的锤击数，这时需按下式换算成贯入深度为 30 cm 的锤击数 N。

$$N=\frac{30n}{\Delta S} \tag{2-5-2}$$

式中 n——所选取的任意贯入量的锤击数；

ΔS——对应锤击数 n 击的贯入量，cm。

(4) 拔出贯入器，取出贯入器中的土样进行鉴别描述。

(5) 若需进行下一深度的贯入试验时，则继续钻进，重复上述操作步骤。一般每隔 1 m 进行一次试验。

(6) 在不能保持孔壁稳定的钻孔中进行试验时，可用泥浆护壁。

3. 十字板剪切试验

十字板剪切试验，是用插入软黏土中的十字板头，以一定的速率旋转，测出土的抵抗力矩，换算地基土不排水抗剪强度的现场试验。

十字板剪切试验用于测定饱和软黏土的抗剪强度和灵敏度、判断地基加固效果和强度变化规律、测定地基或边坡滑动位置、计算地基容许承载力。

根据《工程地质手册》(第 5 版)279～281 页，十字板剪切试验抗剪强度按表 2-5-6、表 2-5-7 规定计算。

表 2-5-6　十字板剪切试验类型选取

理论表达式	$\tau_f=c_u=\dfrac{2M_{max}}{\pi D^2\left(\dfrac{D}{3}\right)+H}$		M_{max} 为最大扭矩
机械式（开口钢环式）	原状土	$c_u=K\cdot C(R_y-R_g)$	$K=\dfrac{2R}{\pi D^2\left(\dfrac{D}{3}+H\right)}$
	重塑土	$c'_u=K\cdot C(R_c-R_g)$	
电测式（电阻应变式）	原状土	$c_u=K\cdot\xi\cdot R_y$	
	重塑土	$c'_u=K\cdot\xi\cdot R_c$	

表中　c_u——原状土不排水抗剪强度，kPa；

c'_u——重塑土不排水抗剪强度，kPa；

C——钢环系数，kN/0.01 mm；

R_y——对开口钢环式，为原状土剪损时量表最大读数(0.01 mm)，对电阻应变式，为原状土剪损时最大微应变值，$\mu\varepsilon$；

R_c——对开口钢环式，为重塑土剪损时量表最大读数(0.01 mm)，对电阻应变式，为重塑土剪损时最大微应变值，$\mu\varepsilon$；

R_g——轴杆与土摩擦时量表最大读数，0.01 mm；

K——十字板常数，m^{-2}；

R——转盘半径，m；

D——十字板头直径，m；

H——十字板头高度，m；

ξ——电阻应变式十字板头传感器的率定系数，kN/$\mu\varepsilon$。

表 2-5-7　开口钢环式十字板规格及十字板常数 *K* 值

十字板规格 $D\times H$/(mm×mm)	十字板头尺寸/mm			转盘半径 R /mm	十字板常数 K /m^{-2}
	直径 D	高度 H	厚度 B		
50×100	50	100	2～3	200	436.78
				250	545.97
50×100	50	100	2～3	210	458.62
75×150	75	150	2～3	200	129.41
				250	161.77
75×150	75	150	2～3	210	135.88

注：机械式十字板需要钢环换算为力，电测式十字板头上方连接贴有电阻应变片的受扭力柱传感器，直接量测板头的剪切扭力，不必进行轴杆的摩擦校正。

4. 旁压试验

旁压试验是将圆柱形旁压器竖直放入土中，通过旁压器在竖直的孔内加压，使旁压膜膨胀，并由旁压膜将压力传给周围的土体，使土体产生变形直至破坏，通过量测施加的压力和土变形之间的关系，即可得到地基土在水平方向的应力应变关系。旁压试验是利用旁压仪在原位测试不同深度土的变形性质和强度指标的试验方法。

旁压试验主要应用于天然地基承载力的判断、地基变形模量计算、桩的竖向承载力估算等。

旁压仪包括预钻式和自钻式。预钻式旁压试验适用于孔壁能保持稳定的黏性土、粉土、砂土、碎石土、残积土、风化岩和软岩，不适用于饱和软黏土；自钻式旁压试验主要适用于黏性土、粉土、砂土和饱和软土。

5. 扁铲侧胀试验

扁铲侧胀试验是利用静力或锤击动力将一扁平铲测头贯入土中达到预定深度后，利用气压使扁铲测头上的钢膜片向外膨胀，分别测得膜片中心向外膨胀不同距离时的气压值，进而获得地基土参数的一种测试方法。扁铲侧胀设备如图 2-5-5 所示。

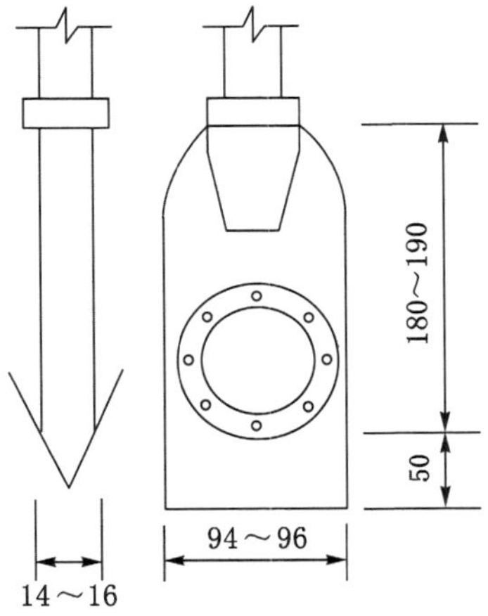

图 2-5-5 扁铲侧胀设备示意图

扁铲侧胀试验用于土层划分与定名及不排水剪切强度、应力历史、静止土压力系数、压缩模量、固结系数测定等。

扁铲侧胀试验根据压力与变形关系，测定土的模量及其他有关指标，能比较准确地反映小应变的应力应变关系，测试的重复性较好，适用于软土、一般黏性土、粉土、黄土和松散～中密的砂土。在密实的砂土、杂填土和含砾土层中，膜片容易损坏，故一般不宜采用。

（1）对试验的实测数据进行膜片刚度修正：

$$p_0=1.05(A-z_m+\Delta A)-0.05(B-z_m-\Delta B) \tag{2-5-3}$$

$$p_1=B-z_m-\Delta B \tag{2-5-4}$$

$$p_2=C-z_m+\Delta A \tag{2-5-5}$$

式中 p_0——膜片向土中膨胀之前的接触压力，kPa；

p_1——膜片膨胀至 1.10 mm 时的压力，kPa；

p_2——膜片回到 0.05 mm 时的终止压力，kPa；

z_m——调零前的压力表初读数，kPa；

A、B、C——探头达到预定深度后，匀速加压和减压测定膜片膨胀至 0.05 mm、1.10 mm 和回到 0.05 mm 时的压力，kPa；

ΔA、ΔB——率定时膨胀至 0.05 mm 和 1.10 mm 时的气压值，kPa。

（2）根据 p_0、p_1、p_2 计算下列指标：

$$E_D=34.7(p_1-p_0) \tag{2-5-6}$$

$$K_D=(p_0-u_0)/\sigma_{v0} \tag{2-5-7}$$

$$I_D=(p_1-p_0)/(p_0-u_0) \tag{2-5-8}$$

$$U_D=(p_2-u_0)/(p_0-u_0) \tag{2-5-9}$$

式中 E_D——侧胀模量，kPa；

K_D——侧胀水平应力指数；

I_D——侧胀土性指数；

U_D——侧胀孔压指数；

u_0——试验深度处的静水压力，kPa；

σ_{v0}——试验深度处土的有效上覆压力，kPa。

6. 动力触探试验

动力触探试验简称动探，它是利用一定的锤击动能，将一定规格的圆锥形探头打入土中，根据每打入土中一定深度的锤击数（或贯入能量）来判定土的物理力学特性和相关参数的一种原位测试方法。如图 2-5-6 所示。

工程中常利用动力触探进行力学分层，评定土的均匀性和物理性质（状态、密实度）、土的强度、变形参数、地基承载力、单桩承载力，查明土洞、滑动面、软硬土层界面等。圆锥动力触探应连续进行，测试点数量不应少于 3 个。

7. 土体波速测试

土体波速测试适用于测定各类土体的压缩波、剪切波或瑞利波的波速，可根据任务要求，采用单孔法、跨孔法或面波法。该测试利用铁球水平撞击木板，使板与地面之间发生运动，产生丰富的剪切波，从而在钻孔内不同高度处分别

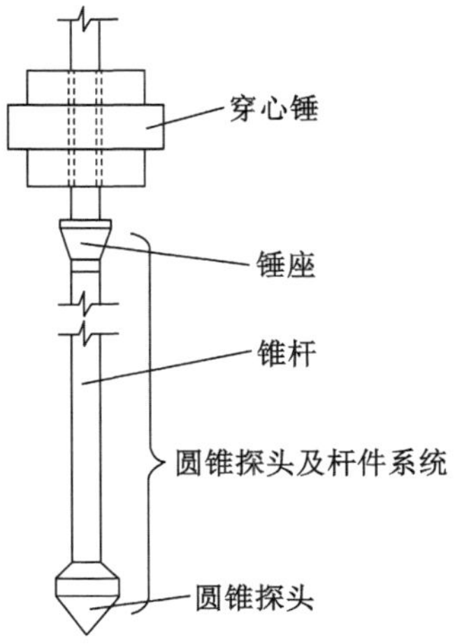

图 2-5-6 圆锥动力触探示意图

接收通过土层向下传播的剪切波。因为这种竖向传播的路径接近于天然地层由基岩竖直向上传播的情况，因此对地层反应分析较为有用。

土体波速测试主要用于划分场地类型、计算场地基本周期、提供地震反应分析所需的地基土动力参数、判别地基土液化可能性、评价地基处理效果。

（三）岩石试验与测试

岩石试验与测试是一种岩石物理力学性质的试验。规范 9.3.1 条中规定岩石试验项目应根据岩石的性质、状态等选择合理的试验方法。

岩石试验项目按不同性质可以分为以下几种：① 物理性质试验应包括含水率、颗粒密度、块体密度等。② 水理性质试验应包括吸水性试验、软化系数等。③ 完整岩石力学性质试验应包括单轴和三轴抗压强度、抗拉强度、抗剪断强度、弹性模量、泊松比、纵波速度、横波速度等。④ 断层破碎岩、不连续面、软弱结构层(面)及强风化泥岩等力学性质试验，应包括残余抗剪强度及蠕变试验，试验通过直剪仪和环剪仪测定。⑤ 软质岩石，应进行抗水性试验；对具有膨胀性的岩石，应进行崩解性、膨胀量及膨胀力试验；对抗水性弱或经常处于湿润状态下的岩石，应进行不同含水率条件下的力学试验，此时应该根据岩样含水率不同，将岩样控制在 3～4 个档次完成试验。

按试验场地分类可分为以下两种：室内试验和现场原位测试。

室内试验的主要项目：含水率、颗粒密度和块体密度试验，吸水性、饱和吸水性、变形试验，单轴抗压试验，点荷载试验，抗剪强度试验(包括直剪试验、三轴试验)，膨胀性试验及抗拉试验。

原位测试的主要项目：岩体现场变形试验、直剪试验、三轴试验、岩体应力测试等。

对于岩层的原位测试，规范 9.3.2 条中规定“岩层的原位测试应根据实际工程需要与岩层的岩性、风化程度，以及其他因素选择适宜的测试方法”。其依据岩体风化程度，可选择的试验方法见表 2-5-8。

表 2-5-8　按风化程度划分岩层原位测试方法

风化程度	试验类型
全风化岩层	现场直接剪切试验、波速测试、标准贯入试验与旁压试验等
强风化岩层	现场直接剪切试验、波速测试、标准贯入试验、动力触探试验与旁压试验等
中等风化～微风化岩层	现场直接剪切试验、岩体原位应力测试、波速测试与点荷载试验等

现场直接进行的试验，能够更真实、准确地反映现场岩石（体）的物理力学性质。这种试验方法通常用于确定岩土体的工程特性，包括岩体的变形模量、抗剪强度以及残余应力等。原位试验的优势在于它对岩土体的扰动较小，能够较好地保持岩土体的天然结构和环境状态，从而使测得的岩土力学参数更加直观和准确。这些试验方法各有优缺点，但共同点是能够在不破坏岩土体自然状态的情况下，提供关于岩土体物理力学性质的关键信息，这对于工程设计和施工至关重要。

下面对几种典型的岩石试验进行简单说明。

1. 含水率试验

使用烘干法，称试件烘干前质量，然后放入烘箱内，在 105～110 ℃的温度下烘 24 h，对于易逸出结晶水矿物的岩石烘干温度控制在 40 ℃±5 ℃下烘 24 h，然后将试件从烘箱中取出，放在干燥器中冷却至室温，称烘干后试件质量。如图 2-5-7 所示。

图 2-5-7　含水率试验图

2. 单轴抗压强度试验

单轴抗压强度试验用于测定形状规则的岩石试件的单轴抗压强度，进行岩石的强度分级和岩性描述。采用饱和状态下的岩石立方体（或圆柱体）试件的抗压强度来评定岩石强度。试件的含水状态可以根据需要选择烘干状态、天然状态、饱和状态或冻融循环后状态。试验过程中，应确保试件置于压力机的承压板中央，以 0.5～1.0 MPa/s 的速率进行加荷直至破坏，并记录破坏荷载及加载过程中出现的现象及最大荷载值。最终，单轴抗压强度试验结果应同时列出每个试件的试验值及同组岩石单轴抗压强度的平均值。

3. 岩石直剪试验

岩石直剪试验在实验室或现场进行，分为岩块（或岩体）抗剪强度试验、结构面（或软弱夹层）抗剪强度试验。现场直剪试验是测定岩体抗剪强度最常用的方法，在平硐、基坑甚至在大口径钻孔中均可进行。试验前可预先选择破坏面的位置（或软弱夹层）进行抗剪强度试验。剪切荷载可按所需要的方向施加，试验方法比较简单，因此特别适用于测定岩体软弱结构面的抗剪强度。

(1) 室内直剪试验

室内直剪试验是一种重要的岩石力学试验方法，它通过观察岩石在剪切过程中的变形和破坏特征，获取岩石的抗剪强度指标，如黏聚力和内摩擦角等。根据国际岩石力学学会规范要求，制备标准尺寸的试件，如 5 cm×5 cm×5 cm 的正方体试件，以确保试验结果的可靠性。对试件施加不同的法向荷载，并使用平推法施加法向剪切力，直到试件破坏。通过记录破坏时的荷载和应力状态，计算抗剪强度。根据莫尔理论，绘制剪应力与正应力的关系图，并通过数据分析求得岩石的黏聚力和内摩擦角。

室内岩石直剪试验如图 2-5-8 所示。

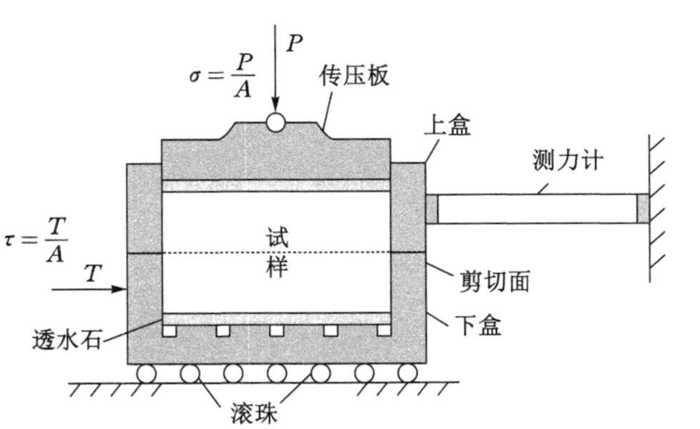

图 2-5-8 室内岩石直剪试验

（2）现场直剪试验

对于现场直剪试验，现场直剪试样的受剪面积比室内试验大得多（试体受剪切面积大约 2 500 cm^2），且又是在现场直接进行试验的，因此较室内试验更符合天然状态，得出的结果更加符合实际工程的要求。现场直剪试验可测定试体抵抗剪切破坏的能力，为边坡的稳定分析提供抗剪强度参数。下面是某次现场原位试验的具体方案。

现场直剪试验开挖地段选定某煤层顶板泥岩层。经勘察该层试验地段岩性较为均一，且试体及剪切面无贯通性裂隙通过，符合原位试验的试样要求。剥离上部煤层，保留泥岩部分。本次现场直剪试验布置一个试验点，定名为 1# 试验点。该试验点共制备 3 个试件，试件尺寸为 60 cm×60 cm×30 cm，每一个试件间隔为 1 m，3 个试件编号分别为 1#-1、1#-2、1#-3，3 个试件施加法向应力分别为 400 kPa、600 kPa 和 800 kPa，依次进行现场直剪试验，如图 2-5-9 所示。

图 2-5-9　现场岩石直剪试验

4. 岩石三轴试验

根据岩石试件在不同侧向压力下取得的轴向抗压强度，在剪应力与正应力的坐标系中，绘制莫尔应力圆簇和莫尔强度包络线。按莫尔-库仑准则确定岩石的三轴抗剪强度参数。

当处于极限平衡状态时，抗剪强度包络线与莫尔圆相切，如图 2-5-10 所示。

$$\sigma_{3f}=\sigma_{1f}\tan^2\left(45°-\frac{\varphi}{2}\right)-2c\tan\left(45°-\frac{\varphi}{2}\right) \tag{2-5-10}$$

$$\alpha=45°+\frac{\varphi}{2} \tag{2-5-11}$$

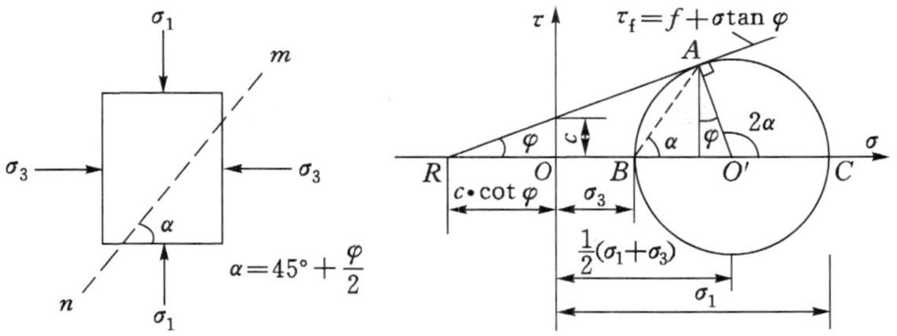

图 2-5-10 莫尔圆

$$\sigma_{1f}=\sigma_{3f}\tan^2\left(45^\circ+\frac{\varphi}{2}\right)+2c\tan\left(45^\circ+\frac{\varphi}{2}\right) \tag{2-5-12}$$

当岩体实际承受的大主应力 $\sigma_1>\sigma_{1f}$，或岩体实际承受的小主应力 $\sigma_3<\sigma_{3f}$ 时，表明岩体已经处于破坏状态。极限平衡状态时的莫尔圆如图 2-5-10 所示，则岩石三轴抗剪强度试验在一定程度上解决了直剪试验时剪切面上的应力分布不均匀的缺点，成果的规律性较好，且反映了实际岩体的受力状况。岩石三轴抗剪强度试验设备如图 2-5-11 所示。

图 2-5-11 岩石三轴抗剪强度试验设备

五、排弃物料试验与测试

规范 9.4.1 条规定："排弃物料由岩块、碎石类土、砂类土、粉土、黏性土等一种或数种材料组成。"排弃物料主要在矿山建设及生产过程中产生。排弃物料的试验资料准确与否，关键是试验样品的选取、制作，应根据排土工艺、排弃物料的岩性、颗粒组成等因素综合模拟确定。排弃物料的试验方式应根据排弃物料的组成形式开展相应试验。

六、水的试验与测试

规范 9.5.1 条规定，水的试验测试工作的主要内容分为两部分，分别是地下水水质分析、水文地质参数试验与测试。

规范中提及的采掘场边坡岩土工程勘察涉及的地下水水质分析宜采用水质简易分析方法。简易分析的目的是了解地下水的物理性质和化学成分的大方向。分析项目通常为温度、色度、嗅、味、浊度、Ca^{2+}、Mg^{2+}、K^{+}、Na^{+}、总硬度、溶解性总固体、游离二氧化碳、pH 值等。

地下水是边坡稳定性影响的一大主要因素，针对不同的岩土工程地质边坡，要选取合适的地下水试验与测试方法。在室内试验的层面主要测试地下水的渗透系数，地下水试验与测试的主要应用场景为现场应用，包括利用水文钻孔测定地下水水位、方向及流速信息。规范中还提及“选取抽水试验、压水试验或注水(渗水)试验，以计算渗透系数、影响半径等水文地质参数”。这都是较为常见的现场测试方法，具体的试验与测试方法、参数选取按现行国家标准《岩土工程勘察规范》(GB 50021)有关规定执行。

(一) 地下水流速、流向测定

1. 三点法测流向

地下水流向可采用三点法测定。沿等边三角形顶点布置 3 个钻孔，孔距 50～100 m(地下水位坡度越小，钻孔间距应越大)；以钻孔内的水位高程编制等水位线图，地下水的流向为垂直等水位线并指向水位降低的方向。

注：测量坐标系和数学坐标系的 x、y 方向是相反的。数学坐标系中 x 为横轴，自原点向右为正，y 为纵轴，以北方向为正；测量坐标系中 y 为横轴，自原点向右为正，x 为纵轴，以北方向为正。

2. 流速测定

流速测定示意图如图 2-5-12 所示。

(1) 水力比降法

在等水位线图的地下水流向上，求出相邻两等水位线间的水力坡度，然后按下式计算地下水的渗透速度：

$$v=ki \tag{2-5-13}$$

式中 v——土体中地下水的渗透速度，m/d；

k——渗透系数，m/d；

i——地下水的水力坡度。

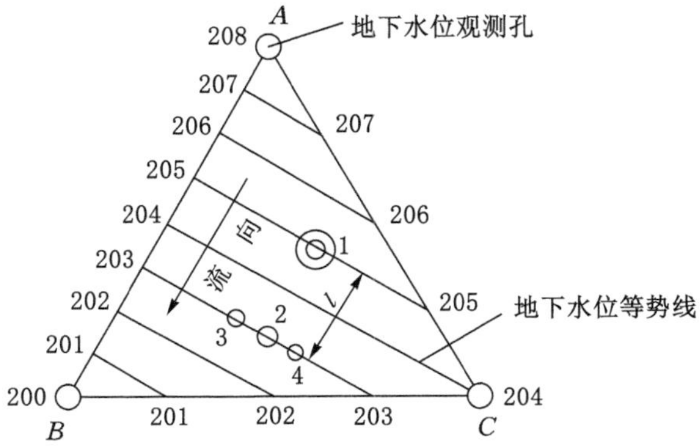

1—投剂孔；2—观测孔；3、4—辅助观测孔。

图 2-5-12 流速测定示意图(单位：m)

(2) 指示剂或示踪剂法

当地下水流向确定后，沿流向线布置 2 个钻孔，上游为指示剂投放孔，下游为观测孔，两孔的距离视含水层介质的透水性(以渗透系数表征)而定；为防止指示剂绕观测孔流过，可在观测孔两侧 0.5～1.0 m 各布置一个辅助观测孔(如图 2-5-12 所示)，并按下式计算地下水实际流速：

$$v'=\frac{l}{t}=\frac{v}{n} \tag{2-5-14}$$

式中 v'——地下水的实际流速，m/h；

l——指示剂投放孔与观测孔距离，m；

t——观测孔内指示剂浓度峰值出现所需时间，h；

n——孔隙率。

注：地下水的渗透速度 v 是过水断面全部被水充满情况下的平均流速(用通过过水断面单位面积的水量表示)，而实际上水是从岩土体的孔隙中通过的，则实际流速 v'为渗透速度除以孔隙面积，地下水的实际流速要大于地下水的渗透速度。

(二) 室内渗透试验

室内渗透试验分为常水头、变水头渗透试验，常水头渗透试验适用于粗粒土，变水头渗透试验适用于细粒土。

本试验采用纯水，以水温 20 ℃为标准温度，当试验温度为非标准温度时，应按下式换算标准温度下的渗透系数：

$$k_{20}=k_T\cdot\frac{\eta_T}{\eta_{20}} \tag{2-5-15}$$

式中 k_{20}——标准温度时，试样的渗透系数，cm/s；

η_T——T ℃时水的动力黏滞系数，1×10^{-6} kPa·s；

η_{20}——20 ℃时水的动力黏滞系数，1×10^{-6} kPa·s。

根据计算的渗透系数，应取 3～4 个在允许差值范围内的数据的平均值，作为试样在该孔隙率下的渗透系数，渗透系数的最大允许差值为$\pm2\times10^{-n}$。

1. 常水头法

常水头法保持试验水头不变，试样在不变的水头差下产生渗流，当渗流稳定后，量得时间 t 内流经试样的水量 Q，从而根据达西渗透定律计算渗透系数。试验步骤如下：

(1) 取代表性风干土样，并测定风干土样含水率，将风干土试样分层装入圆筒内，并从渗水孔向圆筒内充水，直至溢水孔有水溢出。

(2) 量取试样高度，用供水瓶向圆筒内注水，溢水孔始终有水溢出，保持圆筒内水位不变。

(3) 当测压管水位稳定后，测记测压管中水位，计算各测压管之间的水位差，并记录量杯中的渗出水量。

常水头渗透试验的渗透系数按下式计算：

$$k_T=\frac{2QL}{At(H_1+H_2)} \tag{2-5-16}$$

式中 k_T——水温为 T ℃时，试样的渗透系数，cm/s；

Q——时间 t s 内的渗透水量，cm^3；

L——渗径，cm，等于两测压孔中心间的试样高度；

A——试样的断面面积，cm^2；

t——时间，s；

H_1、H_2——测压管水位差，cm。

2. 变水头法

当土样的渗透性较差，流经试样的水量很少时，难以直接准确量测，因此采用变水头法测定渗透系数。

变水头试验装置如图 2-5-13 所示，试样的一端与细玻璃管相连，水在压力差作用下经过试样渗流，玻璃管中的水位慢慢下降，水头是随着时间而变化的，读取两个时间 t 和 t_z对应的水头高度 H_1 和 H_2，根据达西定律计算渗透系数。简要试验步骤如下：

(1) 将环刀试样装入渗透容器中，进行饱和处理，将渗透容器的进水口与进水管相连，将进水管注满水，并渗入渗透容器，开排气阀，排除渗透容器中的空气，关闭进水管。

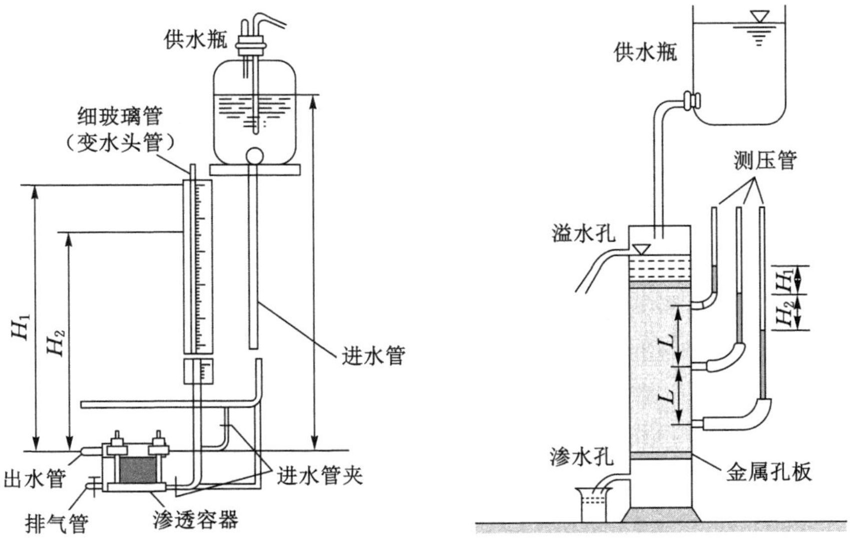

图 2-5-13 变水头试验示意图

（2）向变水头管注水，使水升至预定高度，一般不应大于 2 m，水位稳定后，使水通过试样，当渗透容器出水口有水溢出时开始记录变水管中起始水头高度和起始时间，按预定时间间隔记录水头和时间变化。

（3）将变水头管中的水位变换高度，水位稳定后再次记录水头和时间变化，重复 5～6 次。当不同开始水头下测定的渗透系数在允许差值范围内时，结束试验，变水头试验的渗透系数按下式计算：

$$k_T = 2.3\frac{aL}{At}\lg\frac{H_{b1}}{H_{b2}} \quad 或 \quad k_T = \frac{aL}{At}\ln\frac{H_{b1}}{H_{b2}} \tag{2-5-17}$$

式中 a——变水头管截面面积，cm^2；

L——渗流路径长度，等于试样高度，cm；

A——试样截面面积，cm^2；

t——时间，为测读水头的起始时间和终止时间之差，s；

H_{b1}——开始时刻水头，cm；

H_{b2}——终止时刻水头，cm。

第六节 排土场边坡岩土工程勘察

露天煤矿排土场是存放排弃露天采掘场内剥离物的场地，包括排弃物本身及其基底两部分。排弃物可能是土、岩石或土岩混合物料，基底可为土层或岩层。排土场按其位置不同可分为内排土场和外排土场，内排土场位于采掘场境界内的采空区，外排土场位于采掘场境界之外。按排土场基底倾斜与否可分为倾斜基底排土场、水平或近水平基底排土场。煤矿排土场边坡是一类特殊的人工堆积边坡，排土场受采掘工艺所制约，无选择的余地，对于排土场边坡的岩土工程勘察一般只需进行一次性勘察即可。

露天煤矿排土场边坡岩土工程勘察，应对下列影响露天煤矿排土场边坡稳定性的因素进行评价：地形、地貌、边坡基底岩土埋藏特征；水文地质条件；采掘工艺；排弃物料及基底岩、土物理力学性质；排土场场地条件的变化对环境的影响等方面，其主要勘察内容与采掘场边坡岩土工程勘察大致相同。

排土场边坡稳定性是边坡工程的重要问题之一，做好岩土工程勘察工作，正确评价和预测边坡的稳定性，对可能失稳的边坡提出防护措施和建议，具有十分重大的意义。

一、排土场边坡工程地质测绘与调查

排土场边坡工程地质测绘与调查是指对地质现象进行详细观察和描述，并将其反映到一定比例尺的地形图上，根据测绘成果可以分析各种地质现象的成因、分布、发展变化规律以及对工程建筑的影响，还可为勘探、试验等其他工作的布置奠定基础。工程地质测绘可分为综合性测绘和专门性测绘。工程地质测绘的研究内容包括工程地质条件的全部要素。

规范 5.2.4 条规定，露天煤矿排土场岩土工程勘察，应包括工程地质测绘、工程地质勘探、工程地质测试这三方面的内容。对于涉及工程地质测绘过程，规范规定其比例尺宜为 1∶1 000～1∶2 000，测绘范围应为排土场场地及其周边外延 2～3 倍排土高度范围地段。

露天煤矿采掘场边坡工程地质测绘与调查主要涉及以下五方面内容：

(1) 查明内外排土场基底地层岩性及其分布、成因、产状、物理力学性质。

(2) 查明基底软弱结构层(面)的分布、厚度及其特性。

(3) 查明水文地质条件。

(4) 查明排土场勘察范围内的不良地质作用及采空区的分布、发育，以及对排土场基底稳定的影响。

(5) 分析排土场边坡和基底的稳定性。

为确定合理的边坡高度与角度，为排土场边坡工程防治提供依据，需要针对排土场边坡开展岩土工程勘察，查清影响排土场稳定性的各种因素。

二、勘探与取样

排土场边坡岩土工程勘察的勘探与取样是在工程地质测绘基础上，为进一步查明地表以下工程地质情况，如岩土层的空间分布及变化情况、地下水的埋深和类型，以及对岩土参数开展室内及原位测试时需要进行的工作。在进行勘探与取样工作时，要尽量搜集原始地质资料，并对其周边出露地层进行详细踏勘、槽探和钻探，推测基岩地质条件，并对本排土场边坡及其周边区域土体与基岩的地形、地质结构、物质组成进行踏勘和槽探。

规范 5.2.4 条涉及的排土场边坡勘探与取样的相关描述为"工程地质勘探应包括钻探、坑(井)探、槽探和物探"，这与采掘场岩土工程勘察工作是相同的。具体的勘探与取样手段参考采掘场边坡岩土工程勘察。

三、物理力学试验与原位测试

规范 5.2.4 条涉及的排土场边坡排弃物物理力学试验与原位测试的相关描述为"工程地质测试应包括岩土的室内试验和原位测试"。排土场边坡岩土工程勘察的原位测试主要是为确定基底的极限承载力、边坡及基底的变形模量和软弱岩层的抗剪强度而开展的荷载试验、大面积剪切试验等。荷载试验是在天然地基上通过承压板向地基施加竖向荷载，观察所研究地基土的变形和强度规律的一种原位试验。试验前在试验点开挖试坑，试坑宽度或直径不应小于承压板宽度或直径的 3 倍，深度与被测土层深度相同。大面积剪切试验，原理与剪切试验相同，目的都是寻找最大错动剪切力指标。

四、内、外排土场边坡勘察侧重点

规范 5.2.2 条、5.2.3 条主要对内、外排土场边坡所需要承载的基底的岩土工程勘察进行了一定的说明，即"对于露天煤矿内排土场与硬基底排土场，应重点查明排土场基底岩层层面的倾斜方向、倾角大小、节理发育密度、节理连续情况，以及沿节理面破坏的可能；并应分析排弃物沿基底面滑动的可能性"。

露天煤矿内排土场位于露天坑内，当露天煤矿开采达到一定时间，具备内排条件时才可以在内部进行排土，内排土场的基底一般为岩石，其承载力可以满足排土场的需求。制约排土场稳定的因素主要是排弃物本身与基底岩层层面的分布形态，当基底层面平缓时，对排土场稳定影响极小；若是基底岩层倾角较陡，且与排土场坡面一致时，对排土场稳定影响较大。

露天煤矿软弱基底排土场边坡基底的岩土强度较低，在排土场边坡岩土工程勘察工作开展时，应该着重探究。当软弱基底较厚时，则基底中可产生完整的圆弧形滑动面；如果基底中软弱层较薄，则滑动面的底部可能沿坚硬层表面；如果坚硬基底中有软弱夹层，则滑动面可能沿此层。现场开展的内排土场地基勘察工作如图 2-6-1 所示。

图 2-6-1　内排土场基底勘察

第七节　岩土参数的分析与选取

岩土参数是岩土工程设计的基础。岩土工程评价是否符合客观实际,岩土工程设计是否可靠,很大程度上取决于参数选取的合理性。因此,要求所选用的岩土参数必须能够正确地反映岩土体的真实状态特征,能比较真实地估计参数真值所在的区间,从而能够满足岩土工程设计计算的精度要求。

一、岩土参数的可靠性和适用性

岩土参数可分为评价指标和计算指标。评价指标是用于评价岩土的性状,作为划分地层、鉴定类别的依据。计算指标是用以设计岩土工程,预测岩土体在自然因素和荷载作用下的力学行为和变化趋势,并指导施工和监测。工程上对这两类岩土参数的基本要求是可靠性和适用性。规范 12.2.1 条已经对岩土参数的可靠性和适用性进行了相关规定。

规范 12.2.1 条规定“岩土参数应根据工程特点和地质条件选用”,并规定对岩土参数的可靠性和适用性按照以下五方面进行评价:

(1) 取样方法和其他因素对试验结果的影响。

(2) 采用的试验方法和取值标准。

(3) 不同测试方法所得结果的分析比较。

(4) 测试结果的离散程度。

(5) 测试方法与计算模型的配套性。

可靠性是指参数能正确反映岩土体的基本特性,能够较准确地估计岩土参数所在区间。适用性是指参数能满足岩土工程设计的假定条件和计算精度要求。

在对岩土工程评价时应对所选参数的可靠性和适用性进行分析，岩土参数的可靠与否主要取决于两方面的因素：① 岩土结构受扰动的程度；② 试验方法和取值标准。

岩土试样从地层中取出到实验室进行再制样的过程中，岩土样原来的应力状态及结构均不同程度地受到了扰动。不同的取样方法，所取岩土样的质量等级不同，对岩土的扰动程度亦不相同。例如，对于淤泥质黏土采用厚壁取土器锤击法较采用薄壁取土器压入法取样，无侧限抗压强度可降低 35%～40%。此外，在实验室制试样过程中，对土样亦有不同程度的扰动。

试验方法对岩土参数也有很大影响，对于同一地层的同一指标，用不同试验标准所得的结果会不尽相同，例如，土的抗剪强度可用下列方法测定：① 室内静三轴试验；② 室内直剪试验；③ 室内无侧限抗压强度试验；④ 原位十字板试验等，不同的测定方法所得的岩土工程参数都不尽相同。因此，进行岩土工程分析评价与设计时，首先要对岩土参数的可靠性和适用性进行分析评价，对土样从采取、制备到测试的方法选择要综合考虑。

二、岩土参数的数据处理

在分析试验与测试的相关成果时需要岩土工程工作者大量实践经验的支撑。规范 12.2.2 条规定：“在分析试验与测试的原始数据时，应注意试验测试仪器设备、试验测试条件、试验测试方法等对试验测试结果的影响，结合地层实际条件，剔除异常数据后进行统计分析。”

异常数据是指无代表性、明显不合理、过于离散的数据。异常数据的产生在岩土参数的试验测试中是正常现象，其主要受试验仪器、试验条件、试验方法、试验场地的影响。对于这种数据，如果在分析过程中不进行剔除，可以很大程度上影响试验结果的准确性。

（一）无代表性数据

对于根据地区经验或钻孔与探井取样对比，利用重力密度、孔隙比、湿陷系数等指标判定土样在取样过程中已严重扰动的、土样密封失效或存放期过长（一般不宜超过 3 周），使土样中水分已散失或由于钻探工艺不当造成含水率增大的、土样经证明扰动的，因为操作不当及测试仪器失灵造成数据偏差的、从少量薄夹层或透镜体中获取的不属于同一土性的试验数据都是无代表性的数据，此时需要对这些已获得的数据进行剔除或重新试验。但当指标出现异常而又不能查明其原因时，应重新研究工程地质单元体划分的合理性，谨防软弱夹层的漏划。

（二）过于离散的数据

1. 原因分析

在岩土参数的分析和选取过程中，会产生一些过于离散的数据，其主要的产生原因有以下几点：

（1）人为及环境因素影响。岩土工程试验与测试对测试人员的专业性、技术性、实际操作性要求高。近年来，随着我国工程建设标准、规范体系的不断完善和试验检测技术的日益发展，对岩土工程试验人员的职业能力和水平提出了更新、更高的要求。虽然有规范可依，但不同人员的操作习惯、经验、对标准和规范等的理解都不尽相同，加上试验人员的技术水平、专业素养、职业操守参差不齐，对工作的细心程度各有不同，以及土固有的散碎性和空间分布的不均匀性等原因，使试验结果出来的数据离散性较大。温度、湿度、仪器设备精确度甚至制样工具等都是能够影响试验结果的因素，都会使试验数据产生不同程度的人为误差、随机误差以及系统误差，使试验数据出现不同程度的离散和异常。室内土工试验严格来说是一种模拟控制试验，有不同程度的局限性，其实，当土样从钻孔中取出时，就已降低了土的强度，同时也改变了土的应力条件，这就会使土样产生回弹膨胀，这样模拟试验出来的数据与实际真值产生了不同程度的偏差，和原位土体在地下的实际工程性状不符，除此以外，取样数量、土样垂直和水平方向上的差异性、仪器设备的受力局限和实际土层的受力方向差异等，都会造成试验数据不同程度的离散。

（2）仪器设备的机械误差。部分岩土工程试验设备严重陈旧老化，已经不适应现在不断更新的技术标准，但出于经济利益考虑仍旧舍不得更换，也会在不同程度上使试验数据出现离散异常。

（3）岩土试验单位执行标准不统一。岩土工程试验是岩土工程勘察的一个重要环节，越来越受到建设部门的重视，国家与地方先后制定了一系列土工试验相关的技术标准与规程规范，但新标准、新规范执行时间各单位却并不完全一致，同一种类、同一性质的工程有的单位执行新标准、有的单位执行老标准，这也会不同程度造成试验数据出现不同程度的离散和异常。

2. 处理措施

对于离散数据的处理措施可以参照以下几点：

（1）加强岩土工程试验人员的专业技能培训，提高综合业务素质。应建立科学系统的常态化培训，将相关人员培养成业务能力强且技术全面的实用型专业人才。

（2）对数据离散原因进行分析研究，检查各指标间的关系合理性，可以进行一定的补充试验，以便决定对可疑离散数据的取舍或改正，力争使试验数据准确可靠，避免出现数据离散现象。

(3) 健全并完善土工试验相关的规范措施。同时不断汲取和引进国外先进的土工试验技术，使我国岩土工程勘察体制更为规范和完善。

(4) 强化设备管理工作。加强对仪器设备的选购与监管，对于仪器设备的维修保养与计量检定应给予足够重视。

三、岩土参数的统计与分析

(一) 工程地质单元体划分原则

规范 12.2.3 条规定："岩土的物理力学指标，应按场地的工程地质单元体和层位采用数理统计方法分别进行统计与分析。"

岩土参数的统计与分析的基础是工程地质单元体的划分，工程地质单元体是指根据拟建场地所处的地貌单元、岩性、成因类型、堆积年代等，对勘探深度范围内所涉及的岩土初步划分工程地质单元。

由于自然界中的岩土体成因条件和所处环境的不同，导致岩土体的性质具有明显的非均一性和各向异性。不同工程地质单元体的岩土参数具有较大的变异性，是一个随机变量。而对于同一工程地质单元体来说，其值域的分布具有相同或相似的规律，可以用数理统计的方法进行分析与处理。工程地质单元体的划分是在地质单元体(地质分层)基础上进行的。工程地质单元体的划分原则有以下四点：

(1) 处于同一构造部位或地貌单元，并属相同的地质年代及成因类型。

(2) 具有基本相同的矿物及粒度组成、结构构造、物理力学性质和工程特性。

(3) 指标虽离散，但无明显的空间变化规律。

(4) 影响岩、土工程特性的因素基本相近。

(二) 工程地质单元体的统计分析与变异系数

岩土工程参数统计的特征值可分为两类：一类是反映资料分布的集中情况或中心趋势的，它们作为数据的典型代表，用算术平均值来表示；另一类是反映参数分布的离散程度的，用标准差和变异系数来表征。

标准差虽然可以用来衡量参数离散程度，但由于它是有量纲的，只能用于同一参数的比较，而对于不同参数的离散性则无法进行。

(三) 数据的统计

1. 平均值

平均值表示分布的平均趋势，用一阶原点矩描述：

$$\overline{x}=\frac{x_1+x_2+\cdots+x_n}{n}=\frac{1}{n}\sum_{i=1}^{n}x_i \tag{2-7-1}$$

2. 加权平均值

当不同数据具有不同的权重时，应计算加权平均值：

$$\overline{x}=\frac{w_1x_1+w_2x_2+\cdots+w_nx_n}{w_1+w_2+\cdots+w_n}=\frac{\sum w_ix_i}{\sum w_i} \tag{2-7-2}$$

式中　w_i——指标 x_i 所具有的权重。

3. 标准差

子样标准差是表示数据离散程度的特征值，用 S 表示，具有和平均值相同的量纲，是数据方差 S^2 的平方根，S^2 用二阶中心矩描述。

$$S=\sqrt{\frac{1}{n-1}\left[\sum_{i=1}^{n}x_i^2-\frac{1}{n}\left(\sum_{i=1}^{n}x_i\right)^2\right]} \tag{2-7-3}$$

母体的标准差又称均方差，用 σ 表示，S 是 σ 的无偏估计量。

$$\sigma=S\sqrt{\frac{n-1}{n}} \tag{2-7-4}$$

4. 变异系数

变异系数是表示数据变异性的特征值，用 δ 表示。

$$\delta=\frac{S}{\overline{x}} \tag{2-7-5}$$

变异系数是无量纲系数，可比较不同参数之间的离散程度，使用上比较方便，在国际上是一个通用指标，在相关规范中引入了变异性等级以及变异系数的概念来评价岩土参数的变异特征。

为了定量地判别和评价岩土参数的变异特性，以便提出可靠的设计参数值，对其变异性进行等级划分，见表 2-7-1。

表 2-7-1　岩土参数的变异性等级

变异系数	$\delta<0.1$	$0.1\leqslant\delta<0.2$	$0.2\leqslant\delta<0.3$	$0.3\leqslant\delta<0.4$	$\delta\geqslant0.4$
变异性等级	很低	低	中等	高	很高

岩土参数随着深度的变化会有不同的特点，主要分为相关型和非相关型变异两类。相关型变异指的是岩土参数随深度呈现有规律的变化，当参数随深度的增加而增大时，这种情况被称为正相关；反之，当参数随深度的增加而减小时，则被称为负相关。对于相关型参数，通常结合岩土参数与深度的经验关系，通过计算剩余标准差和变异系数来进一步分析这种关系。这种分析方法可以

帮助工程师和地质学家更好地理解岩土性质如何随深度变化。对于非相关型变异的岩土参数，随着深度变化参数并没有明显的变化规律。

第八节 露天煤矿边坡岩土工程勘察报告编制

露天煤矿边坡岩土工程勘察报告是边坡工程地质勘察的最终成果，是露天煤矿边坡设计和施工的重要依据。报告是否正确反映工程地质条件和岩土工程特点，关系到边坡工程设计和施工是否安全可靠、措施得当、经济合理。露天煤矿边坡岩土工程勘察报告应做到资料完整、真实准确、数据无误、图表清晰、结论有据、建议合理、便于使用，适宜长期保存，并应因地制宜，重点突出，有明确的工程针对性。

一、边坡岩土工程勘察报告书文字编制要求

规范 12.3.1 条规定，边坡岩土工程勘察报告书应包含以下 12 项内容。

（1）勘察目的、任务要求和依据的技术标准。

这一部分需介绍边坡相关勘察报告书的任务来源等信息。岩土工程勘察报告的内容与编制形式，应根据解决的工程问题和勘察区域的工程地质条件而有所侧重。不同工程在同一勘察阶段，由于工程地质条件不同，其工作内容与任务要求也不尽相同；同时也要选择适宜的工程标准作为工作依据。因此，在勘察报告中，必须阐明勘察目的、任务要求与依据的标准。

（2）勘察工作概况。

勘察工作的概况部分，着重叙述一个项目最基本的情况，完成勘探的时间、项目的地址、主要的参数和特征等，是对项目基本情况的概括总结。

在叙述勘察工作完成的概况时，应对勘察工作的有关方面加以详细描述，主要包括：工作区域的交通、地理位置、工作量布置与实际完成情况、工作质量、试验与测试方法、工作时间与参加人员情况等。

（3）需编写边坡勘察区域和矿区的气象、水文、地形、地貌、地层、岩性、构造、地震等自然和地质概况。

不同的地域有着不同的地形、地貌地理条件，在设计图纸及开始施工之前需要准确了解，依据矿区的地质概况的不同，设计思路也会千差万别。同时要综合考虑地质条件、气候的差异，以保证设计方案的适用性。

（4）在编制采掘场边坡岩土工程勘察报告时，需叙述采掘场工程地质条件，包括下列内容：各岩组的工程性质、赋存条件、构造特征及影响边坡稳定的软弱结构层（面）的产状、性质和分布规律；水文地质条件；自然边坡和人工边坡的稳

定状况;可能影响边坡稳定的不良地质作用和其他因素。

在阐述采掘场的工程地质、水文地质条件及影响边坡稳定性因素时,必须根据勘察区域的工程地质条件、水文地质条件及不同勘察阶段所要求的内容有针对性地加以说明。特别是各岩组的工程性质、赋存条件、构造特征及影响边坡稳定的软弱结构层(面)的产状、性质和分布规律,以及可能影响边坡稳定的不良地质作用和其他因素等。

(5) 阐明工程地质分区的原则和依据,各分区边坡的破坏模式,岩体及软弱结构层(面)的物理力学性质。

(6) 阐明边坡稳定性计算的基本条件,所采用的计算参数,边坡稳定分析结果及其评价所需参数。

需要编写边坡高度、坡度、形态、坡底高程、开挖线、堆坡线和边坡平面尺寸,以及拟建场地的整平高程等相关勘察内容。

(7) 在编制排土场边坡岩土工程勘察报告时,应叙述内、外排土场的工程地质条件,重点阐述排土场基底的岩土层结构特征、赋存条件、物理力学性质及其极限承载力。

内、外排土场的工程地质条件,主要指排土场基底的工程地质条件;特别是软基底排土场,岩土层的结构特征、赋存条件、物理力学性质及其极限承载力是影响排土场边坡稳定性的重要因素,因此要求在报告中应重点加以阐述。

(8) 按采掘进度计划,确定排弃物料的不同岩性比例及其物理力学性质参数。

露天煤矿排土场的排弃物料一般均为岩土混排,不同比例的边坡岩土性质又决定了不同的物理力学参数,这种参数可按采掘计划确定出不同的岩土比例,并取不同比例的岩土样按不同的含水率制作重塑样,进行物理力学性质试验取得。

(9) 对需进行抗震设防的边坡应根据区划提供设防烈度或地震动参数。

地震效应是一般露天煤矿边坡工程勘察报告中的一个可能会考虑的部分,边坡的抗震作用优劣,能否满足要求,在方案设计之初就需要考虑完善,以便构建合格的设计施工方案。

(10) 根据排土场基底与排弃物料的物理力学性质,论述排土场最终边坡角与最大排弃高度之间的关系。

坚硬基底排土场的边坡高度与边坡角度呈 $H=f(\alpha)$ 函数关系;但软弱基底排土场边坡高度既受到边坡角度的影响,又会受基底承载力的制约。因此,合理的边坡高度与角度,需要根据具体的场地条件进行综合分析,才能得出正确的结论性意见。

(11) 根据排土场边坡稳定分析成果与结论,评价排土场最大可能排弃高度。

(12) 提出维持采掘场与排土场边坡稳定的建议和所应采取的监测措施。

应针对影响边坡稳定的各种因素，提出维护采掘场与排土场边坡稳定性的建议，尤其应针对间接因素提出改善边坡稳定性的建议与措施，以及所应采取的监测手段等。

二、边坡岩土工程勘察报告书图表编制要求

规范 12.3.2 条中对边坡岩土工程勘察报告书中的图表编制提出了一些规定，但是当编制报告书时，不应限于以上规定的图表，具体的图表情况应该根据实际的工程项目要求进行调整，对于可能存在的特殊工程问题，要特事特办，补充专门的报告。规范中涉及的一般的岩土工程勘察报告，应包括下列图表：

(1) 露天煤矿交通位置图。

(2) 矿区地质地形图。

(3) 工程地质勘察实际材料图。

(4) 工程地质综合平面图(包括工程地质分区、边坡分区等)。

(5) 人工边坡、自然边坡、滑坡及地下采空区的调查资料及图件。

(6) 工程地质剖面图。

(7) 边坡稳定分析剖面图。

(8) 钻孔柱状图。

(9) 槽探、井探展开素描图。

(10) 节理、裂隙等结构面调查统计图表。

(11) 水文地质平面图。

(12) 水文地质断面图。

(13) 主要含水层等水位(水压)线图。

(14) 主要含水层地板等高线图。

(15) 岩、土物理力学性质试验资料及其图表。

(16) 其他有关的图表及资料。

露天煤矿边坡岩土工程勘察报告不同于文学作品，不需要华丽的辞藻，只需要足够准确、专业的叙述。作为一项勘察项目的成果资料，应准确、详细反映场地工程地质条件和特点，同时辅以足够的数据、图表，让人一目了然。不同标准的项目需要根据边坡类型的不同和勘察精度的高低区别对待，不同项目的勘察报告反映的侧重点是不同的。总之，要根据勘察项目的实际情况，尽量做到报告内容齐全、重点突出、论据充实、结论明确、合理适用，为露天煤矿的边坡设计及施工提供有力的依据。

第三章 《煤炭工业露天矿边坡工程监测规范》实施指南

第一节 总 则

一、规范的制定目的

露天煤矿边坡工程监测的主要目的是提供定量数据，评价边坡与滑坡的稳定性，并可作为灾害预警预报的依据。边坡治理原则是：应加强边坡工程监测，早期发现边坡失稳破坏，以达到事半功倍的效果。

露天煤矿边坡工程监测，能够对露天矿山安全生产风险监测进行预警，实现对露天矿山重点区域、关键环节重大安全风险的识别监测和精准研判，推动矿山企业严格落实安全生产主体责任。

常用的边坡监测内容有地表位移监测、地下水与渗流渗压监测、锚索地下应力应变监测等。其中，地表位移监测能够直接反映边坡的稳定性及发展趋势，早已成为边坡监测中最主要的内容，在露天煤矿边坡监测中得到了广泛应用。随着科技飞速发展，同时运用多种监测手段，形成空-天-地一体化安全监控预警的监测模式（见图 3-1-1），及时全方位监测露天矿山边坡情况，保障露天矿山的边坡安全已经成为露天煤矿开采进程中的必然趋势。

1.0.1 条规定："为在露天煤矿边坡工程监测中执行国家的技术经济政策，做到技术先进、安全生产、预防灾害，规范露天煤矿边坡监测工作，制定本规范。"

本规范旨在通过充分利用监测数据，对边坡稳定性进行系统分析和提前预警预报，以尽可能避免和减少边坡不安全因素，确保人身生命财产的安全，并促进技术先进、安全生产和预防灾害，以更好地执行国家的技术经济政策。

二、规范的适用范围

1.0.2 条规定："本规范适用于新建、扩建、改建和生产的露天煤矿采场边坡以及内、外排土场边坡工程的监测。"

不同于其他金属露天矿，露天煤矿边坡主要是由沉积岩为主的煤系地层构

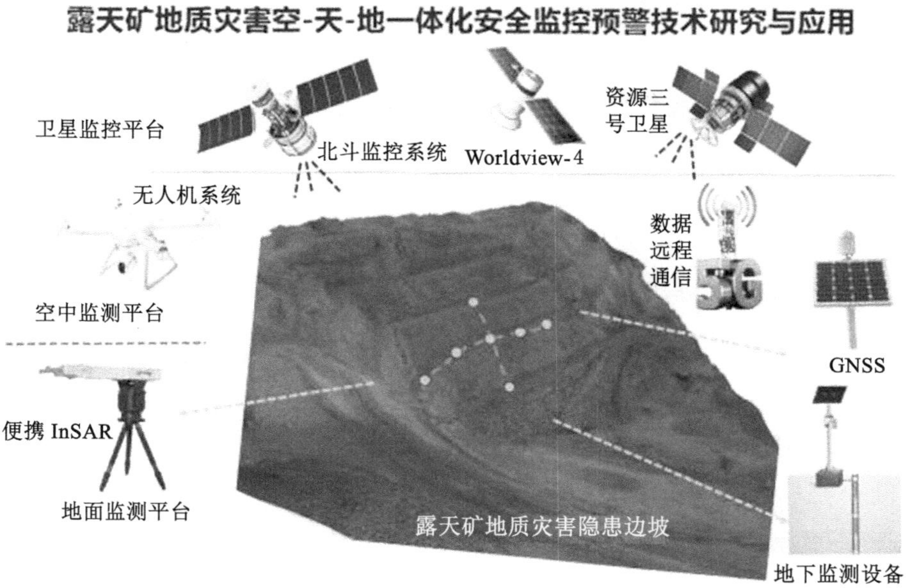

图 3-1-1 空-天-地监测模式示意图

成，而金属矿则主要由硬岩地层构成，因此露天煤矿的边坡工程有着独特的特点：

(1) 露天煤矿采场边坡工程具有边坡高，走向长，揭露地（岩）层多，工程地质、水文地质条件复杂的特点。构成边坡的地层主要是松散层与沉积岩层，层理明显，软弱结构层（面）多，岩石强度偏低，边坡岩体较破碎。边坡失稳破坏的主要形式是滑坡，滑坡又以顺层滑动为主。滑坡面主要是沿岩石层面、断层、节理、裂隙等软弱结构层（面）滑动。露天煤矿边坡一般均采用坡率法分台阶开挖，而且坡面一般不采取工程加固措施进行维护，边坡还经常会受到爆破和运输设备等振动的影响。

(2) 露天煤矿排土场边坡主要是由露天煤矿采场剥离物堆积而成的，构成排土场边坡的排弃物具有成分混杂、粒度不均、强度较低，且随着排土工程的推进而经常变化的特点，外排土场基底强度往往是排土场边坡稳定的决定性因素。

(3) 随着露天煤矿生产开采的不断推进，延深速度的不断加快，露天煤矿采场边坡与排土场边坡的安全稳定程度将对露天煤矿的生产起着极为重要的作用。

三、露天煤矿边坡工程监测的一般要求

（一）露天煤矿边坡工程监测的基本原则

1.0.3 条规定："露天煤矿在建设与开采阶段，必须按本规范规定对露天矿

采场边坡、排土场边坡进行工程监测。”

在露天煤矿中，工程监测是工程勘察设计工作的重要组成部分之一。其目的是通过充分利用边坡工程监测的反馈信息与数据，进一步优化边坡工程设计，确定适合本矿的最优边坡角，并指导采矿生产以及边坡工程的维护与管理，实现信息化设计、施工和管理，消除边坡工程安全隐患，避免或减少安全事故，确保露天煤矿的安全生产。

尽管如此，近年来仍有部分露天煤矿对边坡工程监测不重视，边坡工程监测工作缺少配套或流于形式，导致发生安全事故或存在安全隐患。因此，必须严格执行该规定并将其作为强制性条文。根据国家矿山安全监察局关于开展露天矿山边坡监测系统建设及联网工作的通知，边坡监测系统应当根据露天矿山边坡勘察报告、边坡稳定性研究报告和开采设计等资料，结合采场边坡工程地质复杂程度、水文地质条件、生产和揭露的地质情况及排土场基底地质条件、排弃方式、剥离物构成等情况，分区评估边坡稳定性现状，明确各分区内边坡安全监测等级，按照最终边坡境界、不同时期和不同开采要求进行边坡监测方案总体设计，并按设计要求分阶段进行建设（图 3-1-2）。

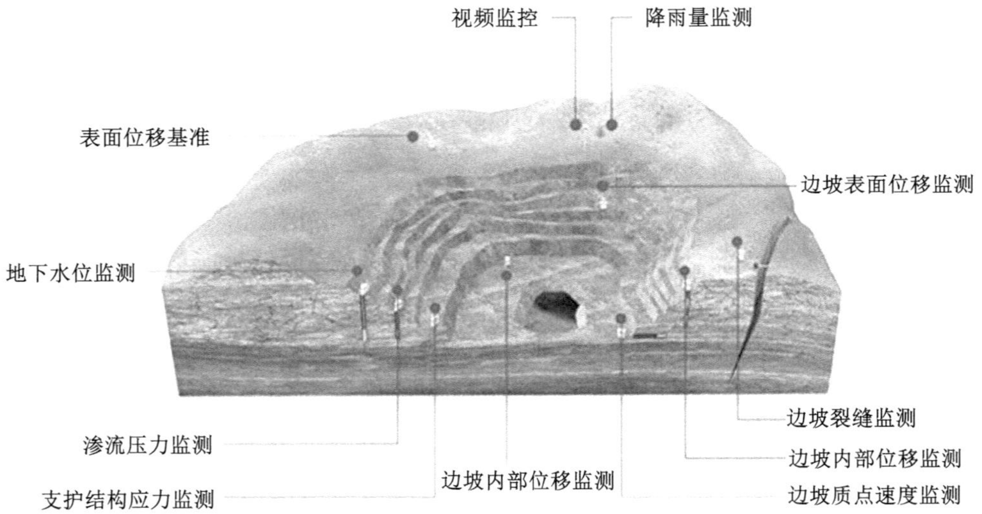

图 3-1-2　露天煤矿采场边坡监测示意图

（二）工程经验、新技术、新成果、新理论应用

1.0.4 条规定：“露天煤矿边坡工程监测，应按阶段并遵循一定的程序进行，根据露天煤矿的具体特点，选择运用适宜的监测手段。在监测工作中应积极采用新理论、新技术和新方法。”

露天煤矿边坡工程监测，主要是根据我国及国际上工程监测技术条件的发展以及各地露天煤矿的实际情况，选择合理可行、安全可靠的监测方法。随着科学技术的不断发展进步，边坡工程监测方法在传统方法的基础上，又陆续推出了一些新的理论、技术与方法，特别是新设备的更新发展使边坡工程监测工作的效率与精度又上了一个新的台阶。因此，要大力提倡科学技术创新，在露天煤矿边坡工程监测中积极稳妥地采用新理论、新的测试技术、新方法与新设备。

（三）有关技术标准的问题

1.0.5 条规定："露天煤矿边坡工程监测，除应符合本规范要求外，尚应符合国家现行有关标准的规定。"

"有关标准的规定"是指与露天煤矿岩土工程监测相关的行业标准和国家标准。这类国家标准往往也是由建筑或矿业行业制定，由住房和城乡建设部发布的。

与露天煤矿岩土工程监测有关的现行技术标准主要有（但不限于）下列几项：

（1）《建筑抗震设计标准》（GB 50011）。

（2）《建筑设计防火规范》（GB 50016）。

（3）《岩土工程勘察规范》（GB 50021）。

（4）《工程测量标准》（GB 50026）。

（5）《建筑物防雷设计规范》（GB 50057）。

（6）《工程摄影测量规范》（GB 50167）。

（7）《煤炭工业露天矿设计规范》（GB 50197）。

（8）《民用闭路监视电视系统工程技术规范》（GB 50198）。

（9）《建筑物电子信息系统防雷技术规范》（GB 50343）。

（10）《视频安防监控系统工程设计规范》（GB 50395）。

（11）《通信局（站）防雷与接地工程设计规范》（GB 50689）。

（12）《露天煤矿岩土工程勘察规范》（GB 50778）。

（13）《爆破安全规程》（GB 6722）。

（14）《崩塌、滑坡、泥石流监测规范》（DZ/T 0221）。

（15）《建筑变形测量规范》（JGJ 8）。

（16）《水文测量规范》（SL 58）。

上述技术标准大多在本标准中已经引用，有些本标准虽未引用，但进行设计时有可能使用。

第二节　露天煤矿边坡名称与监测定义类术语

一、术语、符号

术语列举选择的基本原则和要求如下：

(1) 术语应具有特定含义。

(2) 在定义和概念基本正确、清晰，又不会被人误解的前提下，行业内的通俗说法，且尚未纳入标准的。

(3) 国内其他行业标准有相似的术语，应优先采用。

(4) 尽量与国际术语相一致，以利于技术交流。

(5) 当一种术语有多种相似说法时，通过征求意见确定。

本章列出了 30 条术语，其中 2.1.1～2.1.10 条引自现行国家标准《露天煤矿岩土工程勘察规范》(GB 50778)，2.1.11 条参考了现行国家标准《工程测量标准》(GB 50026)的有关术语定义，2.1.12 条、2.1.18 条、2.1.20～2.1.22 条、2.1.24～2.1.30 条引自现行国家标准《工程测量基本术语标准》(GB/T 50228)，2.1.13～2.1.17 条、2.1.23 条参考了现行国家标准《工程测量基本术语标准》(GB/T 50228)中的相关定义。本章还列出了 3 个符号，分别是边坡高度 H、测量边长 L 和测量斜距 D。

二、定义类术语

2.1.11 条"变形监测"的定义为"对地表和地下一定深度范围内的边坡岩土体与其上建(构)筑物的位移、沉降、隆起、倾斜、挠度、裂缝等微观、宏观现象，在一定时期内进行周期性的或实时的监测，并进行变形分析的过程"。

2.1.12 条"滑坡监测"的定义为"对滑动的岩土体的位移大小、位移方向、滑坡体周界等按周期进行的测量及变形分析工作"。

2.1.13 条"边坡稳定性监测"的定义为"为测定露天煤矿采场与排土场边坡稳定性进行的变形监测"。

工程测量中详细内容术语描述有：

2.1.14 条"水平位移监测"的定义为"测量边坡体平面位置随时间的变化量，并结合相关影响因素进行变形分析的工作"。

2.1.15 条"垂直位移监测"的定义为"测量边坡体在垂直方向随时间的变化量，并结合相关影响因素进行变形分析的工作"。

2.1.16 条"裂缝监测"的定义为"对边坡体及影响范围内出现裂缝的宽度、

长度、走向及其变化等进行的测量”。

2.1.17 条“应力测量”的定义为“在边坡体内埋设应力计，获取其应力变化的测量工作”。

2.1.18 条“土体测斜”的定义为“使用测斜仪测量边坡土体不同深度水平位移大小和方向的测量工作”。

2.1.19 条“地下水位观测”的定义为“为查明地下水表面水位高程的变化而进行的观测工作”。

工程测量中相关内容术语描述有：

2.1.20 条“基准点”的定义为“在变形测量中，作为测量工作基点及变形观测点起算依据的稳定可靠的控制点”。

2.1.21 条“变形监测基准网”的定义为“由基准点、校核基准点和工作基点组成的定期复测的测量控制网”。

2.1.22 条“变形监测网”的定义为“由基准点、工作基点、变形观测点组成的按一定周期对边坡体进行重复观测而建立的观测网”。

2.1.23 条“监测周期”的定义为“对边坡进行监测时，相邻两次监测时间的间隔”。

2.1.24 条“检测周期”的定义为“对变形监测基准网复测时，相邻两次测量的时间间隔”。

2.1.25 条“变形速率”的定义为“在单位时间内观测点水平或垂直位移变化的大小”。

2.1.26 条“预警值”的定义为“在变形允许值范围内，根据边坡的变形敏感程度，以允许值一定比例计算的或直接给定的警示值”。

2.1.27 条“卫星定位法测量”的定义为“利用卫星定位接收机并结合相关软件系统用快速获取边坡体的变形数据的测量的方法”。

2.1.28 条“三维激光扫描法测量”的定义为“利用三维激光扫描仪按周期对边坡体进行扫描，结合相关软件系统获取边坡体的变形信息的测量方法”。两种方法可参考图 3-2-1。

2.1.29 条“全站仪监测系统”的定义为“采用具有智能识别功能的全站仪和专用软件，对边坡体实现无人值守自动连续的数据采集、处理、分析、报警和图表输出等的技术系统”。

2.1.30 条“位移量曲线图”的定义为“根据变形观测结果绘制的以纵、横坐标表示位移量与时间关系的曲线图”。

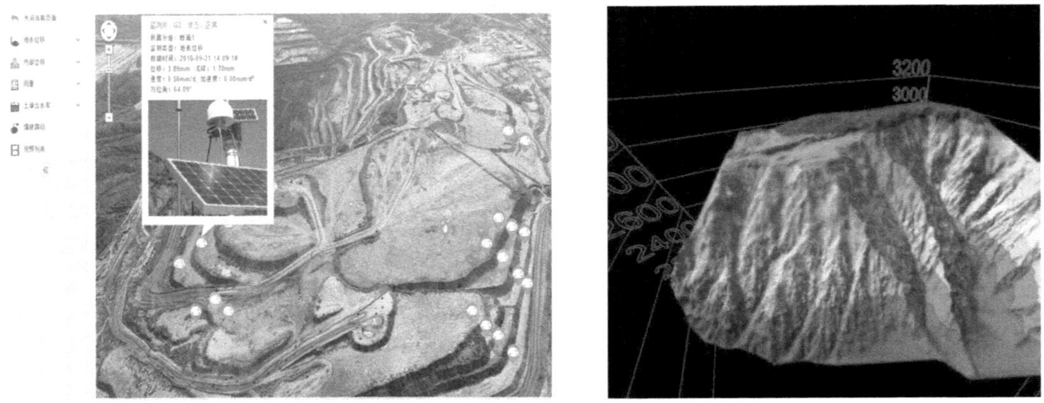

(a) 卫星定位法测量　　(b) 三维激光扫描法测量

图 3-2-1　测量方法示意图

第三节　监测工作等级划分与项目的选择

一、基本规定

3.1.1 条规定："露天煤矿边坡工程监测工作应坚持'综合监测、科学分析、预测预报、保障安全'的基本原则。并应遵循'定人、定时、定设备'的三固定方针。"露天煤矿边坡工程监测是一项相当烦琐的任务，它有着严格的人员、时间和设备要求，以确保数据的准确性与可靠性。这项监测工作的主要目的是为边坡工程的安全稳定性评价提供科学依据，并为露天煤矿的安全生产和边坡良好的维护与管理提供有效的反馈信息，从而保证露天煤矿的正常生产和人身财产的安全。

考虑到露天煤矿的边坡工程安全稳定会受到众多因素的影响，如人类活动、构成边坡的工程地质条件、水文地质条件、对边坡稳定构成影响的环境条件等，因此要求监测工作要遵循"综合监测、科学分析、预测预报、保障安全"的原则。由于这项工作相当精细，对操作人员、观测时间和仪器设备等方面要求严格，因此强调应该遵循"定人、定时、定设备"的三固定方针，以减少由于人员操作、时间影响和仪器设备差异所带来的误差。

根据 3.1.2 条的规定，露天煤矿边坡工程监测方案应由具备相应资质的监测单位编制并实施。监测方案应根据监测任务书的要求和本规范的规定编制。同时，监测方案中应当明确规定监测的工作方法、内容、工作量以及提交监测成果的内容等，以保证监测的准确性和实用性。

二、监测工作等级划分

3.2.1条规定:“露天煤矿边坡工程监测工作等级,应根据边坡工程安全等级、边坡工程监测阶段等综合划分。”露天煤矿边坡工程的安全稳定会受到诸多因素的制约。其中,空间与时间是主导因素,即边坡工程面临的自然环境和气候条件,如地质结构、地貌形态、降雨量、风力等,这些因素会对边坡工程的稳定性和可靠性带来很大影响。

因此,在确定露天煤矿边坡工程监测工作等级时,我们需要考虑多个方面。首先,工程监测阶段是指边坡工程的建设周期,包括预备阶段、施工阶段、运营阶段等。这些不同的阶段需要采用不同的监测手段和技术,并且在每个阶段都要对边坡工程进行持续性的动态监测,以确保边坡工程的安全和稳定性。

其中,边坡工程的安全等级是划分露天煤矿边坡工程监测工作等级的主要参考依据。边坡工程的安全等级是指根据工程的特点、环境条件、岩体性质等因素综合评判,判断边坡工程在不同状态下的安全状况,并提出相应的监测要求和措施。

因此,针对不同的边坡工程,我们需要根据具体情况来确定相应的监测等级,并采取相应的技术和措施进行监测,以确保边坡工程在建设和运行期间的安全和稳定。

3.2.2条对边坡工程安全等级进行了划分。其中露天煤矿采场边坡工程安全等级应根据边坡高度、地质条件复杂程度和露天煤矿生产规模按表3-3-1、表3-3-2划分;排土场边坡工程安全等级应根据边坡高度、排土场基底地质条件复杂程度按表3-3-3、表3-3-4划分。[注:采场边坡高度、地质条件复杂程度的划分与现行国家标准《露天煤矿岩土工程勘察规范》(GB 50778)协调一致,生产规模按现行国家标准《煤炭工业露天矿设计规范》(GB 50197)有关规定划分。]

表3-3-1 采场边坡工程安全等级划分

采场边坡工程安全等级	边坡高度 H/m	采场边坡地质条件复杂程度	露天煤矿生产规模
一级	$H>300$	简单～复杂	大型
	$300\geqslant H>100$	复杂	
二级	$300\geqslant H>100$	中等复杂	中型
	$H\leqslant100$	复杂	
三级	$300\geqslant H>100$	简单	小型
	$H\leqslant100$	简单～中等复杂	

注:1. 边坡高度按现行国家标准《露天煤矿岩土工程勘察规范》(GB 50778)有关规定划分。

2. 地质条件复杂程度按表3-3-2的规定确定。

3. 露天煤矿生产规模按现行国家标准《煤炭工业露天矿设计规范》(GB 50197)有关规定划分。

表 3-3-2　采场边坡工程地质条件复杂程度分类表

地质条件复杂	地质条件中等复杂	地质条件简单
1. 对抗震危险的地段； 2. 不良地质作用强烈发育； 3. 地质环境已经或可能受到强烈破坏； 4. 地形地貌复杂； 5. 地质构造复杂，岩土种类多，性质变化大； 6. 坚硬岩层与软岩互层，软弱结构层(面)发育； 7. 地下水丰富，对工程影响大； 8. 具有小窑空巷与采空区	1. 对抗震不利的地段； 2. 不良地质作用一般发育； 3. 地质环境已经或可能受到一般破坏； 4. 地形地貌较复杂； 5. 地质构造较复杂，岩土种类较多，性质变化较大； 6. 坚硬岩层与软岩互层，有软弱结构层(面)； 7. 含水性中等，对工程具有一定影响	1. 对抗震有利的地段； 2. 不良地质作用不发育； 3. 地质环境基本未受破坏； 4. 地形地貌简单； 5. 地质构造简单，岩土种类单一，性质变化不大； 6. 坚硬岩层为主，岩性变化不大，岩层产状稳定，软弱结构层(面)不发育； 7. 含水性差，对工程影响不大

注：对抗震有利、不利和危险地段的划分应按现行国家标准《建筑抗震设计标准》(GB 50011)的有关规定执行。

表 3-3-3　排土场边坡工程安全等级划分

排土场边坡工程安全等级	排土场边坡高度 H/m	排土场基底地质条件复杂程度
一级	$H>100$	简单～复杂
	$100\geqslant H>50$	复杂
二级	$100\geqslant H>50$	中等复杂
	$H\leqslant 50$	复杂
三级	$100\geqslant H>50$	简单
	$H\leqslant 50$	简单～中等复杂

注：排土场基底地质条件复杂程度按表 3-3-4 规定确定。

表 3-3-4　排土场基底工程地质条件复杂程度分类表

地质条件复杂	地质条件中等复杂	地质条件简单
1. 对抗震危险的地段； 2. 不良地质作用强烈发育； 3. 地质环境已经或可能受到强烈破坏； 4. 基底地形坡度较陡； 5. 地质构造复杂； 6. 基底地层软弱，强度低； 7. 地下水位埋藏浅，对基底影响大； 8. 基底土层含特殊性土； 9. 具有小窑空巷与采空区	1. 对抗震不利的地段； 2. 不良地质作用一般发育； 3. 地质环境已经或可能受到一般破坏； 4. 基底地形坡度中等平缓； 5. 地质构造较复杂； 6. 地基地层较软弱，强度较低； 7. 地下水位埋藏较深，对基底影响中等	1. 对抗震有利的地段； 2. 不良地质作用不发育； 3. 地质环境基本未受破坏； 4. 基底地形坡度平缓； 5. 地质构造简单； 6. 地基地层强度较高； 7. 地下水位埋藏深，对基底影响小

注：对抗震有利、不利和危险地段的划分应按现行国家标准《建筑抗震设计标准》(GB 50011)的有关规定执行。

规范 3.2.3 条对边坡工程监测阶段进行了划分。露天煤矿边坡工程监测阶段划分，与现行国家标准《露天煤矿岩土工程勘察规范》(GB 50778)协调一致。根据监测时间节点，将边坡工程监测阶段划分为三级，见表 3-3-5。

表 3-3-5 边坡工程监测阶段划分

边坡工程监测阶段	边坡工程监测阶段时间节点划分
Ⅰ	是指从露天煤矿开始采剥初期至发现边坡失稳之前所进行的监测工作
Ⅱ	是指在Ⅰ级监测阶段或用其他勘察手段圈定出不稳定边坡分区之后所进行的监测工作
Ⅲ	是指在一些开采年限很久，并已形成高陡边坡的露天煤矿，当已存在的不稳定边坡对安全生产构成威胁时，或者是设计选取了最优边坡角需进行强化开采时，为保证连续生产提供条件所进行的监测工作

注：边坡工程监测阶段，根据现行国家标准《露天煤矿岩土工程勘察规范》(GB 50778)有关规定划分。

Ⅰ级监测阶段，是指露天煤矿从采矿初期至发现不稳定边坡之前所进行的监测工作。采用光学测量仪器进行定期的地表位移监测是其主要工作内容。地下水是影响边坡稳定性的重要因素时，必须进行水压监测。

Ⅱ级监测阶段，是在Ⅰ级监测阶段或用其他勘察手段圈定出不稳定边坡分区之后进行的监测工作。监测的重点放在不稳定边坡分区，通常采用监测地表及地下位移等多种测试技术以确定不稳定边坡的滑面位置、活动范围、变形形态，掌握边坡动态。如有边坡防治工程，必须进行水压、荷载等各项监测。

Ⅲ级监测阶段，是指在一些开采年限很久，并已形成高陡边坡的露天煤矿，当存在的不稳定边坡对生产已构成威胁时，或者是设计选取了最优边坡角需进行强化开采时，为连续生产提供条件所进行的监测工作。此时，一般需采用全天候的遥测方式(有线或无线式)。监测内容主要是位移。如有防治工程则需进行荷载监测及水压监测等。结合监测资料和滑坡模式进行边坡稳定性评价或做出滑坡预报。

规范 3.2.4 条对露天煤矿边坡工程监测工作等级进行了划分(见表 3-3-6)。边坡工程监测工作等级划分是监测工作中必须考虑的实际问题。监测工作等级划分是确定和选择监测项目和监测方法的基础。本规范对边坡工程监测工作等级的划分充分考虑了露天煤矿的实际特点，划分原则主要以边坡工程安全等级为主，同时结合边坡工程监测阶段的特点并与现行国家标准《露天煤矿岩土工程勘察规范》(GB 50778)协调一致。

表 3-3-6　露天煤矿边坡工程监测工作等级划分

边坡工程监测工作等级	边坡工程安全等级	边坡工程监测阶段
一级	一级	Ⅰ、Ⅱ、Ⅲ
	二级	Ⅱ、Ⅲ
二级	二级	Ⅰ
	三级	Ⅱ、Ⅲ
三级	三级	Ⅰ

划分边坡工程监测工作等级是保证监测工作科学、系统和有效的前提。监测工作等级的划分直接关系到监测项目和监测方法的选择和确定，因此非常重要。本规范在确定边坡工程监测工作等级时，主要依据边坡工程安全等级，同时充分考虑边坡工程监测阶段的特点和现行国家标准，以确保边坡工程监测工作的准确性和可靠性。

在具体实施中，我们需要根据边坡工程不同的情况和不同的监测阶段，制定相应的监测方案和方法，以确保边坡工程在不同状态下的安全和稳定。同时，需要采取可靠的监测技术和设备进行监测，并建立健全监测体系，及时汇总、分析和处理监测数据，制定相应的处理方案和应急预案，以提高边坡工程监测工作的水平和质量。

三、监测工作重大事故隐患相关规定

结合《国家矿山安全监察局关于认定露天煤矿重大事故隐患情形的通知》，下列涉及边坡监测变形的情形为露天煤矿重大事故隐患：

(1) 边坡变形量出现异常变化，未采取措施进行治理，或者出现滑坡征兆，未及时停止作业并撤离人员的。“边坡变形量出现异常变化”包括边坡明显沉降、严重变形、变形加速等情形。“明显沉降”是指硬岩（岩石饱和单轴抗压强度>30 MPa）沉降≥10 cm、软岩（岩石饱和单轴抗压强度 5～30 MPa 之间）沉降≥25 cm、极软岩（岩石饱和单轴抗压强度≤5 MPa）沉降≥40 cm 等情形。“严重变形”是指边坡出现较大裂缝（30 cm 以上），平盘大面积滑落、垮塌或者平盘明显底鼓等情形。“变形加速”是指边坡监测资料显示的边坡位移量在 72 h 内连续出现加速变化的趋势。“滑坡征兆”包括边坡出现大面积滚石滑落或者裂缝增大、贯通等现象。“裂缝增大、贯通”是指采场边坡裂缝长度达到 200 m 及以上且高度超过 3 个台阶，排土场边坡裂缝长度达到 500 m 及以上且高度超过 3 个台阶的情形。

(2) 边坡监测系统不能正常运行，监测内容不全面，监测范围未做到全覆盖的，或者关闭、破坏边坡监测系统，隐瞒、篡改、销毁边坡监测数据、信息的。“边坡监测系统不能正常运行”是指边坡监测系统因故障不能发挥应有监控、监测作用，且未采用人工监测等补救措施的。“监测内容不全面”是指缺少表面变形、裂缝、隆起其中任何一项的。“监测范围未做到全覆盖”是指未覆盖采场、排土场全部区域（包括采场端帮和工作帮边坡、排土场到界边坡和工作帮边坡）。

四、监测项目的选择

规范 3.3.1 条规定：“露天煤矿边坡工程监测项目应根据边坡工程监测工作等级，并综合考虑边坡工程实际监测需求，分别进行边坡巡视监测、变形监测、应力监测、地下水监测、爆破振动监测与其他监测等。”在选择露天煤矿边坡工程监测项目时，主要考虑边坡工程监测工作等级和边坡工程实际需求。项目选择根据不同情况划分为“应测、宜测、可不测”三个层次。“应测”是指正常情况下均应进行该项目的监测；“宜测”是指条件许可时首先应进行该项目的监测；“可不测”是指正常情况下可不进行该项目的监测。对于由黄土等特殊性土层构成的边坡，当含水量变化异常时宜监测含水量。

露天煤矿采场边坡监测项目示意图如图 3-3-1 所示。采场边坡工程监测项目选择表见表 3-3-7，排土场边坡工程监测项目选择表见表 3-3-8。

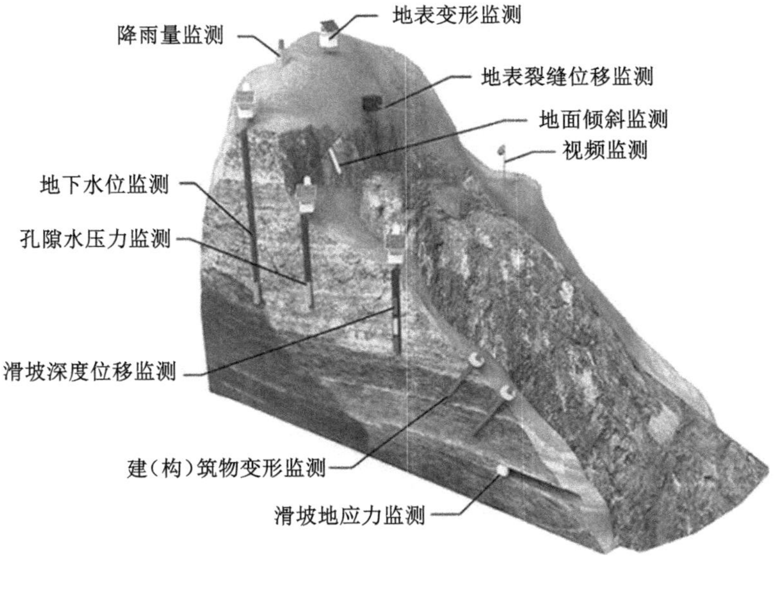

图 3-3-1 露天煤矿采场边坡监测项目示意图

表 3-3-7　采场边坡工程监测项目选择表

监测项目	监测内容	测点布置	边坡工程监测工作等级		
			一级	二级	三级
边坡巡视监测			应测	应测	应测
变形监测	地表变形(水平和垂直位移)	边坡表面、裂缝、隆起、边坡地下	应测	应测	应测
	地表裂缝		应测	应测	应测
	地表隆起		应测	应测	应测
	地下变形		宜测	宜测	可不测
应力监测	土压力监测	土质边坡部分	应测	宜测	可不测
	地应力监测	岩石边坡内部	宜测	宜测	可不测
	支护结构应力	结构应力最大处	应测	宜测	可不测
	锚杆(索)监测		应测	宜测	可不测
地下水监测	地下水位监测	矿区范围	应测	应测	应测
	地下水量监测		应测	应测	应测
	地下水温监测		宜测	宜测	可不测
	地下水质监测		宜测	宜测	可不测
	地下水压监测		应测	应测	应测
	边坡渗水监测	边坡渗出点	应测	应测	宜测
爆破振动监测	爆破振动监测	爆破振动影响区	应测	应测	宜测
降雨量监测	降雨量监测		应测	宜测	宜测

表 3-3-8　排土场边坡工程监测项目选择表

监测项目	监测内容	测点布置	边坡工程监测工作等级		
			一级	二级	三级
边坡巡视监测			应测	应测	应测
变形监测	地表变形(水平和垂直位移)	边坡表面、裂缝、隆起、边坡地下	应测	应测	应测
	地表裂缝		应测	应测	应测
	地表隆起		应测	应测	应测
	地下变形		宜测	宜测	可不测
地下水监测	地下水位监测	矿区范围	应测	应测	应测
	地下水压监测		应测	应测	应测

第四节 监测方案

一、基本规定

规范 6.1.1 条规定:“露天煤矿边坡工程监测方案的编制,应综合考虑监测边坡的工程地质和水文地质条件、工程爆破、周边环境条件、边坡轮廓、露天煤矿开采方式以及排土场排弃方法等因素进行。”露天煤矿边坡工程稳定性是一个复杂和多变的问题,它受到众多因素的综合影响,包括地质条件、水文地质条件、地表活动、人工开采、天气等。因此,在制定露天煤矿边坡工程监测方案时,应侧重考虑那些对边坡稳定性影响最为重要和关键的因素,包括工程地质和水文地质条件、工程爆破、周边环境条件、边坡轮廓、露天煤矿开采方式以及排土场排弃方法等。

规范 6.1.2 条规定,监测方案编制前,应对监测现场进行详细踏勘,进一步收集已有资料,并根据工程现场、边坡类型、边坡滑移模式、变形阶段和危害程度等划分露天煤矿边坡工程监测工作等级,提出边坡监测技术要求。

监测方案所需资料主要包括:

(1) 煤田勘探报告。

(2) 可行性研究报告,初步设计报告,露天矿剥、采、排工程平面图等设计文件。

(3) 区域气象、水文地震的有关资料。

(4) 边坡补充勘察和稳定性评价成果文件。

(5) 边坡工程影响范围内的道路、输电线、地下管线、地下设施及周边建筑物的有关资料。

规范 6.1.3 条规定,监测方案应按监测边坡段所处的Ⅰ、Ⅱ、Ⅲ监测阶段分别进行编制。

规范 6.1.4 条规定,露天煤矿边坡工程监测,宜对下列特殊条件边坡工程的监测方案进行专门论证:

(1) 地质和环境条件特别复杂的边坡工程。

(2) 对人员、设备安全构成严重威胁和重大经济损失的边坡工程。

(3) 形成整体滑坡的边坡工程。

(4) 重新修改设计和治理的边坡工程。

二、监测方案要求

规范 6.2.1 条规定，监测单位应根据监测任务书编制监测方案，并应包括下列内容：

(1) 工程概况(自然条件、地质环境、边坡工程的特征等)。

(2) 监测方案编制依据。

(3) 监测目的。

(4) 监测范围。

(5) 监测项目的确定。

(6) 监测方法选定(监测点网布设、监测精度要求、监测频率、监测预报预警、监测人员及仪器设备、监测措施应急预案、工序管理及信息反馈等)。

(7) 监测数据记录制度。

(8) 监测数据分析方法等。

本条对监测方案包括的主要内容做出了规定。露天煤矿边坡工程监测方案应根据监测任务委托书要求并依据本规范进行编制。

三、监测内容

规范中对露天煤矿边坡稳定监测的主要内容与监测方法进行了介绍。

规范 6.2.2 条规定:“露天煤矿边坡稳定监测的主要内容应包括边坡岩体上不同点在空间的移动及过程，滑落面的形状、大小、倾角及其位置，滑落体的大小、形状和滑落方向，地下水、爆破和设备运输情况，边坡岩体移动对采剥工程和边坡建(构)筑物的危害程度。”

对于露天煤矿边坡稳定监测的主要内容，应包括以下几个方面：

(1) 边坡岩体上不同点在空间中的移动及过程:这是指监测边坡岩体上各关键点位移和形变情况，如裂隙、位移、断层、变形等。

(2) 滑落面的形状、大小、倾角及其位置:该项内容则是检测边坡滑落面的参数信息，可以通过现场实际测量、照片、激光扫描等方式获取，而滑落面的形态参数信息能够更直接反映边坡稳定状态。

(3) 滑落体的大小、形状和滑落方向:监测边坡的滑落体大小、形状和运动方向，对于掌握边坡的稳定性有着至关重要的作用。

(4) 地下水、爆破和设备运输情况:该部分内容需要收集和分析地下水、排水、爆破和设备运输等因素对边坡稳定性造成的影响和危害，以便判断边坡的稳定状态和风险。

(5) 边坡岩体移动对采剥工程和边坡建(构)筑物的危害程度:露天煤矿边

坡稳定监测需要关注岩体移动对采掘区内固化性建筑物、尾矿库等设施的影响程度，并及时采取安全保障措施，保障人员生命财产安全。

规范 6.2.3 条规定："监测方法可包括简易观测法、设站观测法、仪表观测法和远程观测法。监测仪器可包括地表大地测量（经纬仪、水准仪、测距仪、全站仪等）、摄影仪、GNSS、红外遥感、激光微小位移、边坡稳定雷达、声发射、位移计、钻孔倾斜仪、锚索测力计和水压监测仪等，应综合考虑监测方法和仪器。"

对于露天煤矿边坡稳定监测，常见的方法包括简易观测法、设站观测法、仪表观测法和远程观测法等。其中，简易观测法主要是针对小型边坡，采用人工检查、观察和量测的方式进行；设站观测法则适用于较大规模的边坡，需要设置观测点并进行定期监测；仪表观测法则是一种高精度的监测方法，可以利用多种现代化智能化仪器实时监测各项指标数据；而远程观测法则是一种非接触式的监测方式，比如激光雷达遥感技术就可以实现对整个边坡的连续监测。

在选择监测仪器时，应考虑到保证观测质量和准确度的同时，还要具有便携性和灵活性。常用的地表大地测量仪器包括经纬仪、水准仪、测距仪和全站仪等；摄影仪有航空相机和车载相机等类型；GNSS 定位技术可以实现实时动态监测；红外遥感技术可以通过采集地表热红外辐射信息进行监测。此外，边坡稳定雷达、声发射、位移计、钻孔倾斜仪、锚索测力计和水压监测仪等也都是常用的监测仪器。

在具体的应用中，应综合考虑监测方法与仪器，并严格按照相关标准和规范指导进行实际的监测工作。对于露天煤矿边坡稳定性监测来说，及时准确的数据是非常重要的依据，它能够有效地预防事故的发生，保障承载设备和员工的安全。

规范 6.2.4 条规定了布设监测网、监测线、监测点的主要原则：边坡工程监测应形成控制网和监测网。首先应确定边坡体变形监测的范围，在该范围内确定边坡体的主要滑动方向，按变形范围和主要滑动方向确定监测线，选取典型断面，再按监测线选择监测点。边坡监测点应均匀地布设在滑动量较大、滑动速度较快的轴线方向和滑坡前沿区，在滑体以外较稳定的地方也应适当布点，在滑动较快的地段，应适当加密；监测点宜呈断面形式布设在不同的高程上；裂缝监测点应选择在有一定代表性的位置，布设在裂缝的两侧。

即在滑坡区（包括其可能扩大的范围）设置若干个观测桩（临时短期观测可用木桩，长期观测应用混凝土桩），构成若干条观测线，形成观测网，如图 3-4-1 所示。每一观测线的两端，在稳定体上设置镜桩照准桩及其护桩。用精密经纬仪测出各桩垂直观测线方向的位移值，用水平仪找平测出各桩的升降值，即可控制各观测桩在三维空间的位移量和位移方向。

边坡工程监测应形成控制网和监测网。这里的控制网指的是在边坡监测

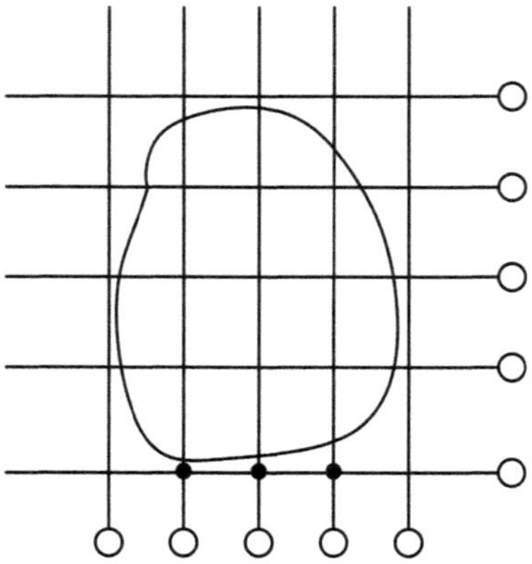

图 3-4-1 露天煤矿边坡监测网示意图

范围内进行布点、设置基准点等，用以确保监测点的精度和稳定性；而监测网则是由多个监测点组成的物理系统，用以对边坡体变形等因素进行实时监测。

在确定边坡体变形监测范围后，需要在该范围内确定边坡体的主要滑动方向，并按照变形范围和主要滑动方向确定监测线。选择典型断面后，再按照监测线的位置选择监测点，以确保监测点布设的完整性和可靠性。

监测点的选址原则是：在滑动量大或者滑动速度较快的轴线方向和滑坡前沿区布置监测点，同时在滑体以外相对比较稳定的地方适当布点，以便于全面了解边坡的变形情况。在滑动速度较快的地段，应适当加密监测点。监测点宜呈断面形式布设在不同的高程上，以尽可能全面地掌握变形情况。而对于裂缝监测点，则应选择在有一定代表性的位置，并布设于裂缝的两侧，以全面了解裂缝变形情况。

总体而言，边坡工程监测应根据实际情况制定具体监测方案，科学合理地对边坡体变形等关键因素进行监测和评估，为矿山生产的安全和高效提供重要保障。

第五节 监测类型

一、变形监测

（一）基本规定

规范 7.1.1 条规定了露天煤矿建设和开采阶段，应设置监测站对采掘场边坡、排土场边坡进行变形监测。变形监测网宜采用独立的平面坐标系统和高程基准，并进行一次布网。必要时可采用国家坐标系统和高程基准或当地平面坐标系统和高程基准。

露天煤矿边坡的稳定性受到许多因素的影响，如工程地质条件、水文地质条件、开采条件以及周边复杂多变的环境等。因此，对于边坡的稳定状况需要实时评判，以避免潜在的安全隐患。边坡变形监测结果是判断边坡体稳定性最直接的评价指标，因此对边坡进行变形监测非常必要。

及时掌握边坡的动态变化情况，对于确保人员和设备的安全，以及为煤矿的连续安全生产创造条件非常重要。为了实现这一目标，在进行露天煤矿边坡变形监测时，需要建立一个合适的基准网，并采用与煤矿建设和开采阶段工程测量选用的坐标系统一致的高程基准和坐标系统。只有这样，才能确保边坡变形监测结果的准确性，从而提高边坡稳定性的监测效果，并为露天煤矿的安全生产提供更加有力的技术支持。

规范 7.1.2 条规定："露天煤矿边坡工程变形监测，应包括地表变形监测和地下变形监测等。地表变形监测应包括地表位移监测、地表裂缝监测和地表隆起变形监测。"

地表位移监测通常采用全站仪等设备进行观测，并通过数据处理得出地表变形速率等参数。地表裂缝监测则需要布设多个裂缝测点，获取裂缝规模、延伸方向和扩展速率等信息，以判断边坡体是否存在裂缝变形风险。地表隆起变形监测一般在隆起两侧的相对稳定部位与隆起轴的特征点部位埋设标志桩，并通过定期测量评估边坡地表的隆起或下沉情况。

规范 7.1.3 条规定，露天煤矿边坡工程变形监测方法可包括：卫星导航定位测量、三维激光扫描测量、数字近景摄影测量、全站仪边角测量、全站仪三角高程测量、几何水准测量等。变形监测方法可根据边坡工程的变形类型、精度要求、变形速率、现场作业条件以及边坡体的安全性等，按表 3-5-1 选用。并可采用多种方法进行监测。

表 3-5-1 变形监测方法选择

类别	监测方法
水平位移监测	全站仪边角同测、极坐标法、交会法、GNSS 测量、伸缩仪法、多点位移计、倾斜仪等
垂直位移监测	水准测量、电磁波测距 GNSS 测量、全站仪测量等
三维位移监测	全站仪自动跟踪测量法、卫星导航定位测量、摄影测量、三维激光扫描等
地表裂缝监测	精密测(量)距、伸缩仪、测缝计、位移计、摄影测量等
地表隆起监测	比例尺、小钢尺、精密测(量)距、自动监测仪或传感器自动测记法
应力、应变监测	应力计、应变计

规范 7.1.4 条规定："露天煤矿边坡工程变形监测，应根据边坡工程的实际情况、边坡特点、监测目的、任务要求以及测区条件等，确定变形监测的内容、精度等级、基准点与变形点布设方案、监测周期、仪器设备及检定要求、观测与数据处理方法、提交成果内容等，并编写变形监测方案。"

露天煤矿边坡工程变形监测方案编制是一项复杂的工作，需要考虑多个因素以制定可行的方案，从而保证监测结果的准确性和可靠性。在制定变形监测方案时，需要考虑边坡工程的实际情况、边坡的特点、监测目的、任务要求以及测区条件等因素来确定监测内容和精度等级。同时，要制定基准点与变形点的布设方案，以确保布设合理、监测全面。在方案中也需要确定监测周期、仪器设备和检定要求、观测和数据处理方法以及提交成果内容等方面。

制定有效的监测方案还需充分考虑各因素综合的影响，以确保监测工作的顺利实施并得到准确、可靠的数据。变形监测方案对露天煤矿的安全生产至关重要，只有制定了科学合理、可行性强的监测方案才能更有效地发现挖掘过程中的变化，从而提高煤矿生产的效益以及整体的管理水平。

规范 7.1.5 条规定，露天煤矿边坡变形监测应布设监测网，监测网应包括基准网与变形监测网；监测网的网点，宜分为基准点工作基点和变形观测点。其网点布设应符合下列规定：

(1) 基准点，应设置在边坡变形影响区域之外稳固可靠的位置。应至少有 3 个基准点。其水平位移基准点应采用带有强制偏心装置的观测墩，垂直位移基准点宜采用双金属标或钢管标。

(2) 工作基点，应设置在监测区域稳定且方便使用的位置。水平位移监测工作基点宜采用带有强制归心装置的观测墩，垂直位移监测工作基点可采用钢管标。对通视条件较好的小型边坡，可不设立工作基点，在基准点上直接测定变形观测点。

(3) 变形观测点，应设置在能反映边坡体变形特征的位置或监测断面上，监测断面应包括：关键断面、重要断面和一般断面。需要时，还应埋设一定数量的应力、应变传感器。

(4) 监测墩的制作与埋设，应符合图 3-5-1 和图 3-5-2 的规定。

本条与现行国家标准《工程测量标准》(GB 50026) 相协调。变形监测点的分类根据变形监测精度要求、标志的作用和要求的不同进行判定，通常分为基准点、工作基点和变形观测点三类。

其中，基准点是变形监测的基础，其点位要具有更高的稳定性，通常建立在边坡体变形区以外的稳定区域，并应配置强制归心装置，以确保监测数据的准确性。工作基点则是用于高程和坐标传递的点位，不应受到较大变化的影响，

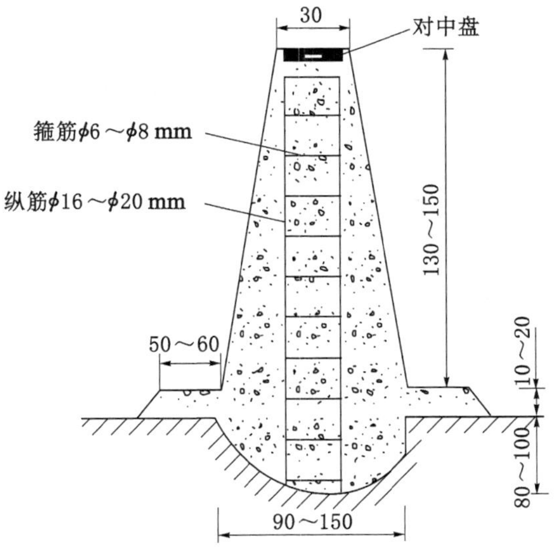

注：未标单位数据单位为 cm

图 3-5-1 岩层地基监测墩

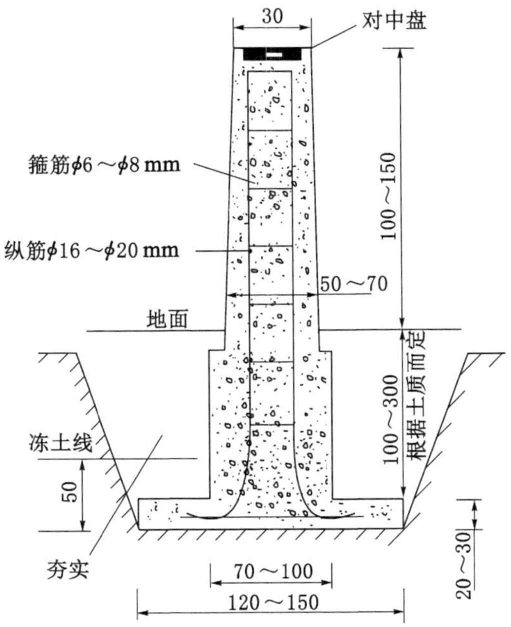

注：未标单位数据单位为 cm

图 3-5-2 土层地基监测墩

同样也需要配置强制归心装置。

变形观测点直接埋设于边坡体变形的重要部位或监测断面两侧，以反映边坡体变形的特征。这些观测点应该结构合理、设置牢固、外形美观、观测方便，并且不应影响监测点的外观和使用。这些观测点的设计和设置应严格按照监测要求和监测精度要求来执行。监测断面则是根据边坡基础地质条件、边坡体的复杂程度以及对边坡体安全所起作用的重要性进行划分。

监测断面分段设置，使得各个监测断面内监测数据能够反映出较明显的变形方向，监测断面的数量和布置应该足够全面、合理，以确保对边坡体的监测全面、准确。

规范 7.1.9 条规定，露天煤矿边坡变形监测周期，应根据边坡的变形特征、变形速率、观测精度和工程地质条件等因素综合确定。并应符合下列规定：

(1) 监测点的监测周期宜每月监测 1～2 次。

(2) 雨季应适当增加监测次数，暴雨前后增加观测频率。

(3) 边坡变形剧烈时，应每日观测 1 次或多次。

(4) 监测网点和监测点被破坏时，应及时恢复，并与之前监测成果校核。

规范 7.1.10 条规定，露天煤矿边坡工程变形监测周期应根据地表变形和地下变形的具体情况确定，并应符合下列规定：

(1) 地表变形监测周期应根据监测阶段等综合确定。Ⅰ级监测期应每年 2 次，Ⅱ级监测期应每月 1 次或与其他观测同步进行，采掘与整治过程前后均应监测。当变形速度加剧时应增加监测次数。但每年监测不得少于 4 次。每年应提交监测分析报告。

(2) 当野外地质调查或地表变形监测发现局部地段有不稳定迹象时，应进行地下变形监测。监测周期可根据位移速度和季节变化确定。

规范 7.1.11 条规定，露天煤矿边坡工程变形监测网应在露天煤矿建设和开采初期建立。

(1) 监测工作可用全站仪、GNSS 和水准仪进行，应定期观测和进行数据整理。

(2) 当边坡处于Ⅱ级监测阶段时，在关键地区应增加观测站并应增加观测次数。

(3) 当边坡周边影响范围内出现裂缝或隆起等迹象时，应采用位移计、伸长计来测量滑体位移，必要时可采用遥测装置进行自动化监测。

必要时采用遥测方式是指当工作人员较难进入滑坡地段，或者因测试工作量太大，或者是在监测阶段需要连续监测的场所或时期。与国家现行标准《露天煤矿岩土工程勘察规范》(GB 50778—2012)第 10.3.5 条协调一致。

规范 7.1.12 条规定，露天煤矿边坡变形监测，应对监测资料定期、及时整理并应根据边坡变形的实际情况提交成果分析资料，宜包括下列内容：

(1) 变形监测成果统计表。

(2) 监测点位置分布图。

(3) 裂缝位置及观测点分布图。

（4）隆起位置及观测点分布图。

（5）位移矢量图（水平位移矢量图、垂直位移矢量图、水平与垂直位移叠加分析图）。

（6）位移（水平或垂直）速率、时间、位移量曲线图。

（7）其他图表。

（8）变形监测报告。

针对稳定性较差的边坡，需要及时整理地表变形和地下变形资料，以及关键点位移-时间曲线，这样可以及时了解边坡的动态变化情况，为边坡的维护和管理提供科学依据，保障露天煤矿开采的安全生产。一般来说，边坡变形的位移-时间曲线可以分为加速、匀速和减速三个阶段。通过观察加速曲线变陡的趋势，可以预测边坡破坏可能发生的时间。

（二）地表变形监测

1．地表位移监测

露天煤矿边坡工程地表位移监测是边坡稳定性监测的基础内容之一，其中包括地表水平位移和地表垂直位移两个方面。为保证监测数据的准确性和可靠性，地表位移监测的精度应不低于三等。

传统的地表位移监测技术主要包括大地测量技术和位移计监测技术两种类型。大地测量技术主要通过高斯投影仪、全站仪等仪器对监测点的三维坐标进行测量，并推算出地表变形速率等分析结果。而位移计监测技术则是通过在监测点上安装连续自动位移计、倾角计等设备，实时获取地表位移数据，同时发出报警信号提示变形异常情况。

需要指出的是，地表位移监测的技术精度与方法的选择与场地环境、监测目的、监测周期等相关因素有关。如果边坡体存在控制断裂带、高差较大或地质灾害易发区域等特殊情况，则应综合考虑多种监测手段，以达到尽可能高的监测精度和准确性。

规范 7.2.2 条规定，露天煤矿边坡地表水平位移监测基准网和监测点的精度应符合表 3-5-2 的要求。

表 3-5-2　边坡地表水平位移监测基准网和监测点精度要求

等级	基准网	监测点	适用范围（边坡工程安全等级）
	相邻基准点点位中误差/mm	点位中误差/mm	
三等	±3	±6	一、二
四等	±6	±12	三

监测网中基准点的点位中误差是指监测网各个基准点相邻两点坐标值之差的平均误差，即监测网内基准点在图上确定的坐标值与实际位置之差的平均误差。对于监测网而言，基准点的布设和精度决定了其在后续变形监测中的重要性，监测网基准点的点位中误差是制定相关技术指标的依据。

在此基础上，表中各变形监测点的点位中误差系列数值也是有着重要作用的。它同样是指监测点位置坐标的平均误差值，但这里所说的误差是针对每个监测点相对于其邻近基准点而言的。换言之，对于一个露天煤矿变形监测网来说，基准点的点位中误差应该与一般的变形监测点的点位中误差不同，因为基准点的精度要求更高、更加稳定。基准点的点位中误差是基于相应等级相邻基准点而言的，即基于地理坐标系下的三维坐标系统进行计算。

因此，监测网内基准点和变形监测点的点位中误差系列数值虽然相同，但其含义和计算方法却存在差异。对于边坡工程变形监测而言，这两个指标都是需要充分考虑的因素，为保证监测数据的准确性和可靠性提供科学依据。

规范 7.2.3 条规定，露天煤矿边坡地表垂直位移监测基准网和监测点的精度应符合表 3-5-3 的要求。

表 3-5-3　边坡地表垂直位移监测基准网和监测点精度要求

等级	基准网	监测点	适用范围(边坡工程安全等级)
	基准点高程中误差/mm	高程中误差/mm	
三等	±1		一、二
四等	±2	±4	一、二
五等	±4	±8	三

规范 7.2.19 条规定，露天煤矿边坡三、四等位移监测可采用卫星导航定位测量(GNSS)法。边坡Ⅰ、Ⅱ级变形监测阶段可采用静态测量模式，边坡Ⅲ级变形监测阶段可采用动态测量模式。

GNSS 技术是一种高精度的地理空间数据获取技术。其作业模式主要可分为静态测量和动态测量两种方式。静态测量是在野外选取若干个基准点，在其周围配置多个待测点，启动测量设备连续观测数十分钟或数小时进行记录，以获取高精度的位置信息和时间戳，具有高精度、高可靠性、高稳定性等特点。而动态测量则是指移动状态下的实时测量，可以迅速获得物体的位置、方向、速度等信息。如图 3-5-3、图 3-5-4 所示。

在采用 GNSS 技术进行边坡变形监测时，应根据不同的监测阶段和边坡状态选择不同的作业模式。当边坡处于Ⅰ级监测阶段，其变形发展缓慢且不出现

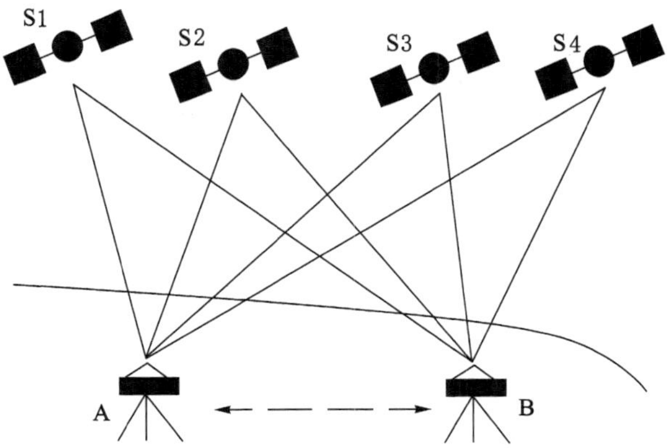

图 3-5-3 GNSS 差分示意图

图 3-5-4 GNSS 监测设备

明显的位移变化,此时可以采用静态测量模式对边坡变形进行监测,根据设定参数随时记录监测点的三维坐标,并计算出位置变化值,以判断边坡是否处于危险状态。而当边坡处于Ⅱ、Ⅲ级监测阶段,即边坡体处于不稳定或滑动的状态时,应采用动态测量模式进行实时监测,同时结合其他监测手段综合分析变形数据,及时发出预警信号以保障边坡安全。

需要指出的是,不同的监测阶段和边坡状态需要选择不同的 GNSS 测量模式,只有科学合理地使用测量设备才能提高变形监测的可靠性和精度。在监测中应结合实际情况、各种因素并根据实际需要加以灵活运用。

近些年随着技术的发展,出现了 InSAR 技术,它是一种新型的边坡监测方法,通过步进频率连续波技术沿着轨道运动不断发送和接收微波信号,利用合成孔径雷达技术和干涉测量技术获取其形变信息。因其高精度、全天候、设站灵活、实时连续观测等特点，目前正受到众多科研工作者的青睐和认可。

2023年发布的《国家矿山安全监察局关于开展露天矿山边坡监测系统建设及联网工作的通知》(矿安〔2023〕119号)中对边坡雷达监测技术的布置提出了要求，分为真实孔径雷达和合成孔径雷达两种。其中，真实孔径雷达包括南非Reutech公司生产的MSR边坡稳定雷达和澳大利亚GroundProbe公司生产的SSR边坡稳定雷达，该系统采用的监测技术是一种基于差值干涉测量法、利用雷达波监测露天矿边坡的技术。合成孔径雷达则包括意大利IBIS公司生产的IBIS-M矿区边坡监测预警雷达和中国安全生产科学研究院自主研发的S-SAR边坡雷达，这种测量方法使用两幅或多幅合成孔径雷达影像图，根据卫星或飞机接收到的回波相位差来生成数字高程模型或者地表形变图，是一种基于地基合成孔径雷达差分干涉技术(D-InSAR)的远程自动监控遥感技术(见图3-5-5)。

图3-5-5　边坡雷达现场照片

2. 地表裂缝监测

露天煤矿边坡地表裂缝监测是指通过观测和记录露天煤矿开采过程中，岩石质量和边坡稳定性变化引起的地表裂缝的变形情况，来掌握边坡情况并进行及时处理的技术。该技术的主要任务是监测地表裂缝的相对变形，包括裂缝的张合变化和平面错动等。

裂缝的张合变化通常是指裂隙两侧之间距离的变化，也就是裂缝隙口在水平方向的张合程度。此外，裂缝的张合变化还可用于判断边坡是否存在活动或塌陷的风险，为最终的安全评估提供数据支持。

而裂缝平面上的任意方向的错动通常是指裂缝平面产生的垂直位移，在空间中的位移方向可以是上下、左右或前后，这种变形现象具有很强的代表性和规律性，是判断边坡稳定性的重要标志物之一。

规范7.2.25条规定，地表裂缝监测可结合边坡巡视工作进行。地表裂缝监测应统一进行编号、描述、观测、拍照、建档。

在露天煤矿边坡地表裂缝监测过程中，特别是在初期监测阶段，应该以人工监测为主，仪器监测为辅。随着裂缝发展变化到一定程度时，才需要实施仪器监测。因此，地表裂缝监测工作应该与边坡巡视监测工作紧密结合，将裂缝监测纳入边坡巡视的一部分。

考虑到地表裂缝的出现通常与边坡失稳有着密不可分的联系，这项工作必须引起我们的重视并认真对待。为了确保监测数据质量和管理标准，对地表裂缝的监测管理有具体细致的要求，包括规范的人员配备、监测点的设置和数据处理等方面，并同边坡巡视监测工作一起进行，共同确保煤矿开采活动的安全。

在实际监测中，采用埋设标志桩的方法进行监测是较为常见和便捷的方式。通过直接测量标志桩之间的距离变化，可以获取具体裂缝张合程度的变化情况，并结合历史数据观察裂缝演化规律，以判断当地的地质环境变化是否影响了煤矿生产安全。针对不同规模的裂缝，可以选择不同类型的测量工具：对于小缝或窄缝，选用游标卡尺进行丈量；对于大缝或宽缝，建议采用钢尺或测量仪器进行测量。

露天煤矿边坡工程地表裂缝监测应提交下列资料：

（1）裂缝平面、空间位置分布图。

（2）裂缝观测成果表。

（3）裂缝宽度变化时-距曲线图。

（4）裂缝深度变化时-距曲线图。

（5）裂缝错位变化时-距曲线图。

3．地表隆起变形监测

在锡林郭勒、霍林河、呼伦贝尔等露天煤矿采场边坡主要由粉细砂岩和黏土岩组成，属于强度较低的软岩。而露天煤矿外排土场基底则多由第四纪土层构成。因此，当露天煤矿采场边坡及外排土场边坡出现失稳现象时，其边坡坡脚通常会伴随着地表隆起的发生。地表隆起监测的主要任务是观察隆起的相对变形，包括隆起的宽度变化和上下拱起的变化。

在进行露天煤矿边坡工程地表隆起变形监测时，需要确定采场边坡与排土场边坡坡脚出现隆起的平面分布位置，隆起的走向、长度、宽度、高度及其变化情况等指标。

初期地表隆起常常不明显，一般需要通过边坡巡视等作业来进行监测，以便及时掌握变化情况。因为出现地表隆起往往是边坡失稳前的信号，所以对于其变形的监测和变化规律应引起重视。为此，针对地表隆起变形的监测管理提出了具体细致的要求。

在进行地表隆起的监测工作时，可以结合边坡巡视等作业进行联动监测。一方面，在巡视时需要特别关注地表是否有出现凸起等异常现象；另一方面，还可采用专用设备如全站仪、GNSS 等进行监测，以获得更加精确的数据。同时，在对地表隆起变形的监测过程中，还需对监测点进行编码，并且需要记录描述、观测、拍照，并对监测数据进行建档管理，只有这样才能保证及时掌握地表隆起的变化趋势，并及时采取措施，确保工作安全。

地表隆起变形监测通常在隆起两侧相对稳定的部位和隆起轴线的特征点处设置标志桩，标志桩顶端安装精密的测量标记。可以使用人工方法或利用经纬仪、全站仪等设备来测量隆起两侧以及隆起轴线上标志桩的坐标位置和高程，从而得出隆起的变化情况。

地表隆起变形监测应符合以下规定：

(1) 地表隆起变形监测应设置观测点，每条隆起应根据隆起的走向和长度布设不少于 2 组观测点。

(2) 观测点处应设置隆起监测标志，并应牢固安装在跨隆起两侧的稳定部位与隆起轴部的特征部位；标志安装完成后，应拍摄隆起观测初期的影像。

(3) 隆起监测标志设置应牢固，并应标注可供量测的固定点，短期观测时，可采用打入地下一定深度的木桩或钢纤；长期观测时，可采用埋入地下一定深度的素混凝土或钢筋混凝土墩，并在墩顶面设置观测中心点。

(4) 隆起的量测，规模较小时可采用比例尺、小钢尺、游标卡尺或坐标格网板等工具进行人工量测；规模较大且不便于人工量测的隆起宜采用精密测(量)距方法；需要连续监测隆起的变化时，可采用自动监测仪或传感器自动测记方法进行观测。

(5) 隆起观测中，隆起监测数据应量至 0.5 mm，隆起高度数据应量至 1.0 mm。

(6) 隆起观测周期应根据隆起变化速度确定。初期隆起应每 15 d 进行一次观测，基本稳定之后应每 30 d 进行一次观测，当发现隆起增大时应及时增加观测次数。

露天煤矿边坡工程地表隆起变形监测应提交下列资料：

(1) 隆起平面位置分布图。

(2) 隆起观测成果表。

(3) 隆起宽度变化时-距曲线图。

(4) 隆起高度变化时-距曲线图。

对于边坡滑坡，边坡和建筑物(挡土墙、房屋、水沟、路面等)上的裂缝是滑坡变形最明显的标志。对这些裂缝进行监测是最简单易行又最直接的监测，在整个监测系统中是首先要采用的。最简单的一种方法是在滑坡周界两侧选择若干个点，在动体和不动体上各打入一根桩或钢筋，埋入土中的深度不小于1.0 m，顶部各钉一小钉或做十字标记，定时用钢尺测量两点间的距离，即可求出间距的变化，如图 3-5-6 所示，记录表见表 3-5-4。若在不动体上设两个桩，滑动体上设一个桩，形成一个三角形，从三边长度变化可求出滑动体的移动方向和数值。

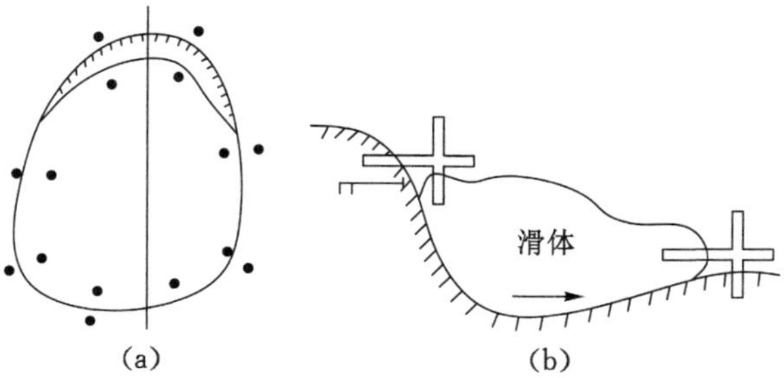

图 3-5-6 简易监测桩示意图

表 3-5-4 边坡地表裂缝监测记录例表

监测桩编号： 监测： 计算： 复核： 日期：

观测时间				桩间距离	距离差	平均速度	备注
年	月	日	时	m	mm	mm/d	

（三）地下变形监测

地下变形监测根据位移方向可以分为水平、垂直和大地位移三种类型。其中，水平位移监测最理想的设备是移动式加速度计倾斜仪，这种设备在国内外都有产品供应，可通过在钢轨或无缝钢管上贴电阻应变片的方法进行监测，较为适合滑坡地下位移的监测，同时也可用于防治工程的监测。

垂直位移监测需要采用沉降仪等设备进行。该类设备通常需要进行钻孔安装，并通过倾斜仪和沉降仪对构筑物基础或地基进行全方位的位移监测。但需要指出的是，在滑体位移较大时（如沿弱层平移），上述仪器可能无法移动，从而导致测试中断。

至于大地位移的测量，则可采用钻孔伸长计、固定式倾斜仪等设备进行。这些设备通常被视为Ⅰ级监测阶段后期的主要监测方法，能够准确、灵敏地反映出地面变形情况，并进一步推断局部地下结构是否发生变化。

位移计等监测技术是在不稳定边坡确定之后，或边坡出现张裂缝或底鼓等迹象时才采用。采用位移计等监测技术观测滑体位移，一般是在Ⅰ级监测阶段进行。必要时采用的遥测方式是指当工作人员较难进入滑坡地段，或者因测试工作量太大，或者是在应急监测阶段需要连续监测的场所或时期。

当地表位移监测或野外地质调查发现局部区域存在不稳定迹象，或者遇到稳定性较差、复杂的重要边坡时，应进行地下变形监测。在确定地下变形区域的走向和长度后，监测线的数量应该根据具体情况进行规划，但是不宜少于3条，每条线上的监测点也不宜少于3个。测量可采用钻孔倾斜仪或位移计等设备对边坡内部深层水平位移进行监测。

地下位移的监测深度应该在预计滑动层（面）以下的5～10 m范围内，并且需要及时整理和分析监测数据以及岩体稳定状况。

监测深度的确定首先需要对被监测边坡的滑动失稳情况进行系统分析，对可能产生滑动失稳的边坡滑动模式和预计滑动层（面）深度等做出预判。同时需要对滑床基底岩土的软硬程度进行评估，如果滑床基底岩土的强度较大，则可以选择进入滑动层（面）以下不小于5 m的深度作为监测深度；如果滑床基底岩土的强度较小，则应该选择进入滑动层（面）以下接近于10 m的深度作为监测深度。

移动式加速计测斜仪主要由电缆、加速度计、读数仪等部件组成。测斜探头为一个铅垂摆，可依据自身提供的恢复能力在受扰动后恢复到零点位置，测斜杆偏转角度越大，铅垂摆归零所需的恢复力越大，恢复力的大小可转换成电信号，通过与计数器相连的电缆上传。

测斜监测是在研究区域布设监测孔，埋设测斜套管，利用监测探头测定套管偏转角度，求出岩体水平位移的一种岩体原位监测方法（图3-5-7～图3-5-10）。

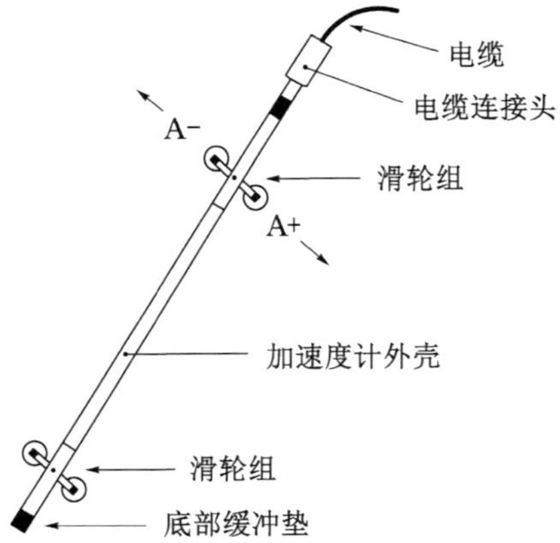

(a) 测斜仪构件系统

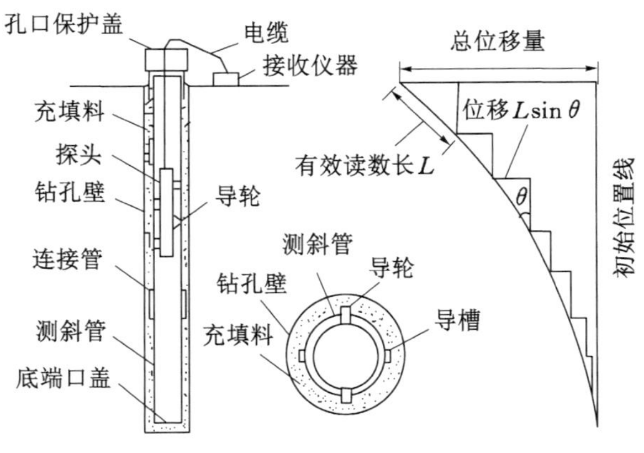

(b) 测斜仪结构与工作原理

图3-5-7　现场测斜结构示意图

图 3-5-8 现场测斜

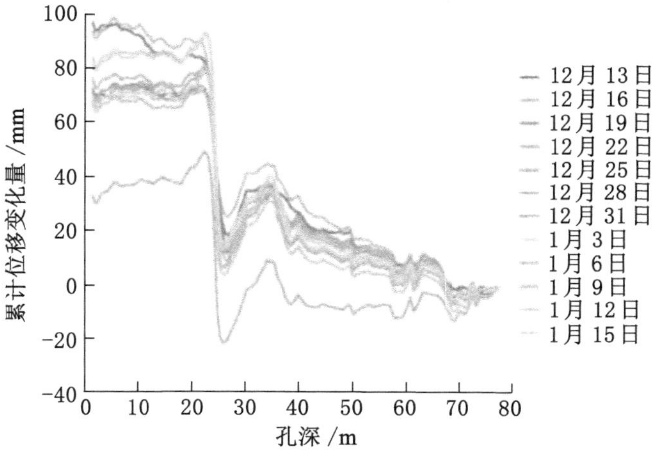

图 3-5-9 钻孔位移变化量统计图

边坡岩体深部位移的变化一般都具有时效蠕变性，监测难度较大。目前来说，测斜监测是监测边坡岩体深部位移的变化，确定岩体易于扰动的地质弱面最有效的方式之一。一方面可以监测岩体动态变化，防止边坡突然滑塌造成人员经济损失。另一方面通过监测数据的整理分析，确定潜在滑面的位置，估算滑坡方量，指导边坡防护工程方案的编制与实施工作，避免盲目的边坡支护引起的不必要经济损失。

规范 7.3.5 条规定，监测资料应定期、及时整理，并应提供有关图表。图表应包括位移矢量图、钻孔位移曲线图和位移与时间曲线图等。

如某露天煤矿累计位移变化量曲线表明，ZK5 孔扰动范围为深度 20～78 m，标高为＋394～＋452 m，7 孔深 20～30 m，标高＋442～＋452 m 处累计位移呈急剧增加状态，表明该范围内可能存在易变形的地质弱面。累计最大位移值发生在 12 月 19 日，最大值约为 98 mm，不同的监测时间，累计位移值呈振

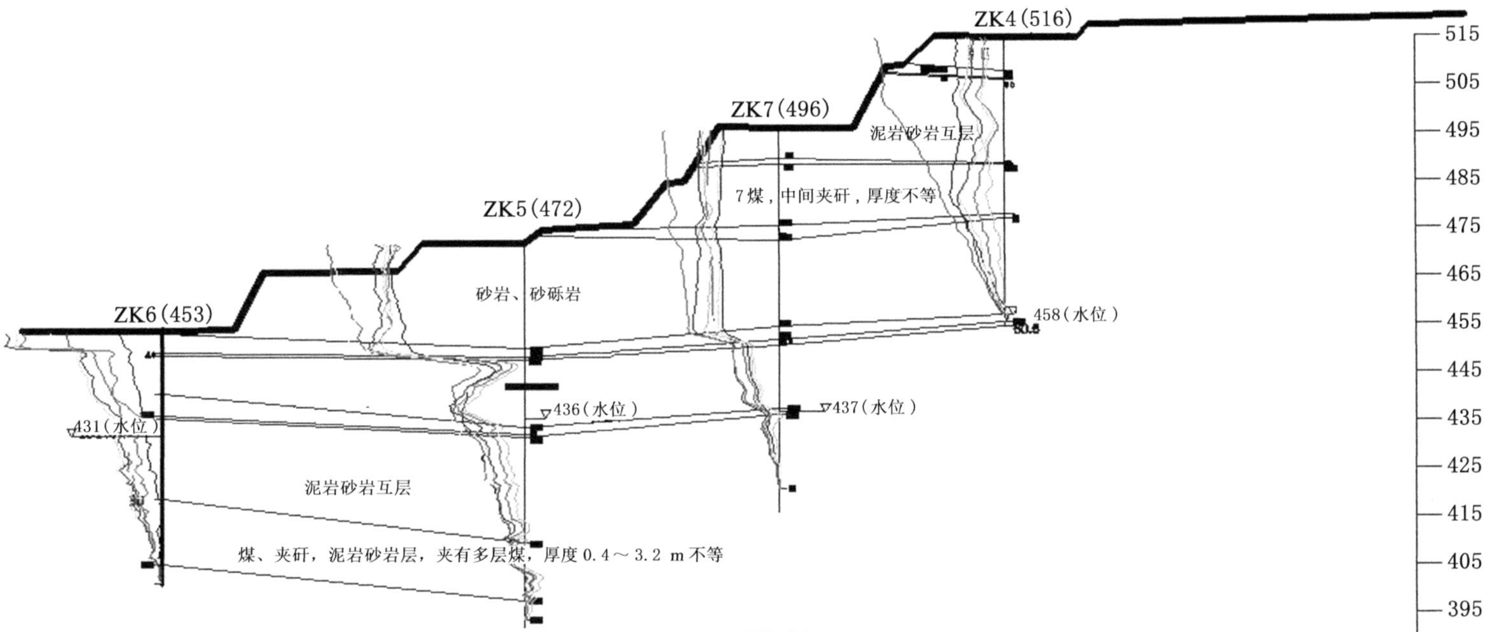

图 例

ZK4、ZK5、ZK7 12月4日数据，ZK6 10月31日数据

ZK4、ZK5、ZK7 12月10日数据，ZK6 11月7日数据

ZK4、ZK5、ZK7 12月16日数据，ZK6 11月13日数据

ZK4、ZK5、ZK7 12月22日数据，ZK6 11月19日数据

ZK4、ZK5、ZK7 12月28日数据，ZK6 12月1日数据

ZK4、ZK5、ZK7 1月3日数据

ZK4、ZK5、ZK7 1月8日数据

图 3-5-10　测斜数据整理图(单位：m)

荡变化。

二、应力监测

（一）基本规定

露天煤矿边坡工程应力监测的内容包括土压力、地应力、工程结构内力和锚杆（索）应力应变监测。具体监测项目可以根据边坡工程的情况进行选择，不是必须全部监测。这些监测项目是为了满足边坡工程监测等级和实际需求而设定的。

规范 8.1.2 条规定，边坡工程应力监测，应包括下列工作步骤：

（1）编制监测方案，设置应力监测点。

（2）安装应力监测装置。

（3）实施监测，并记录监测数据。

（4）整理应力监测数据，提出应力监测报告。

规范 8.1.3 条规定，应力监测成果应根据监测内容确定，宜包括下列内容：

（1）应力监测分析报告。这部分内容用于对边坡或结构物的应力状态进行分析与解释，评估其变化趋势并进行定性、定量的分析。

（2）土压力历时曲线图。土压力历时曲线图通过实时记录土压力的变化情况，以反映边坡土体的稳定状态。

（3）地应力历时曲线图。地应力历时曲线图通过实时记录地层应力的变化情况，以评估边坡岩土体的稳定状态。

（4）支挡桩（墙）结构内力监测曲线图。

（5）锚杆（索）预应力历时曲线图。支挡桩（墙）结构内力监测曲线图与锚杆（索）预应力历时曲线图用于评估支挡结构的受力状态，以便监测其加固效果和安全状态等。

（二）土压力监测

规范 8.2.1 条规定，土压力监测点应根据土层性质、挡土结构特点、施工工艺、荷载大小及作用条件等设置。

土压力监测是指为了监测土体受到外部荷载作用后，产生的变形、应力和各种变形下的变形速度等情况，而设置一些点位进行观测。在进行土压力监测时，监测点需要根据以下因素进行合理设置：

（1）土层性质：不同类型和不同性质的土体对于受力的响应也不尽相同，例如黏性土和砂土的受力性质就有着很大的区别。因此，在设置监测点时需充分考虑土层的性质。

(2) 挡土结构特点:挡土结构可以支撑和顶托土体,从而防止土体的滑移或垮塌,并抵抗外部荷载的渗透和侵蚀。挡土结构通常采用墙体或柱子等结构,而这些结构受力的方式也会对监测点的设置产生影响。

(3) 施工工艺荷载大小及作用条件:不同工程的施工过程中所承受的荷载大小也会对监测点的设置产生直接的影响;同时不同的场地环境与潜在风险也要考虑在内。

通过合理设置土压力监测点,可以及时掌握土体受力状态和变形情况,发现潜在的安全风险并采取相关措施,从而保障工程的安全稳定运行。

规范 8.2.2 条规定,土压力计的选用,应符合下列规定:

(1) 土压力计的测试满量程应大于设计最大压力值的 1.2 倍,土压力计传感器的计量精度应小于满量程值的 0.5%。

(2) 土压力传感器应具有足够的抗压强度、抗腐蚀性和耐久性,并具有抗震和抗冲击性能。

(3) 土压力传感器应灵敏反应土压力的变化,在加压和减压时保持线性良好。

(4) 土压力传感器设置于含水土层中时,应能保持在特定水压条件下正常使用。

规范 8.2.3 条规定,土压力传感器埋设之前,宜对土压力计装置进行封闭性检验和标定。检验标定内容宜包括压力标定、温度标定和初始值标定。土压力传感器的埋设并应符合下列规定:

(1) 回填土性状与周围土体宜保持一致。

(2) 传感器承压面与结构物表面接触紧密,并保持与应力方向垂直。

(3) 传感器周边应设置柔性缓冲保护层。

(4) 连接电缆宜按一定线路集中于观测站,并分别编号。

土压力计是用于测量土体内部土压力作用的仪器,不同的土压力计具有不同的结构形式和埋设方法,如挂布法、顶入法、弹入法、插入法、钻孔法等。尤其是在需要测量挡土墙后侧的土压力时,需要保证土压力计的埋设质量,并确保土压力计的承压面与土体的应力方向垂直。同时,规范 8.2.4 条规定,土压力传感器埋设完毕,宜进行检验性观测 5~10 次,其中应该有 3~5 次连续校差在 2 kPa 以下的稳定值。

(三) 地应力监测

露天煤矿岩质边坡地应力监测是在边坡开挖之前,通过利用原有平洞或钻孔埋设地应力监测仪器,在开挖前、开挖中以及开挖后各阶段进行监测,以用于分析整个开挖全过程中的地应力变化情况。这种监测方法可以有效掌握岩质边坡的变形和破坏过程，为采取相应的防治措施提供依据。因此，在进行露天煤矿边坡开挖工程之前，对边坡地应力进行监测可以提高施工安全性，降低事故风险。

规范 8.3.2 条规定了岩质边坡地应力监测方法可采用直接测量法或间接测量法。

1. 直接测量法可包括扁千斤顶法、水压致裂法以及声发射法等

直接测量法是由测量仪器直接测量和记录岩体的各种应力，如补偿应力、恢复应力、平衡应力等，并由这些应力和原岩体应力的相互关系，通过计算获得原岩体应力值。在计算过程中并不涉及不同物理量的换算，不需要知道岩石的物理力学性质和应力应变关系。扁千斤顶法、水压致裂法以及声发射法等均属于直接测量法，其中水压致裂法在目前的应用最为广泛，声发射法次之。

(1) 扁千斤顶法(应力恢复法)具有以下优点：

① 能直接测得岩石应力，直观性强，岩石弹性常数不参与计算，避免了由此产生的误差；

② 压力枕尺寸要比应力解除的岩芯大得多，符合岩体综合性受力条件，避免了应力应变关系受测试地点、地质条件的影响，测试也适合于裂隙发育的岩体；

③ 可获得部分应力解除和应力恢复全过程的实测数据，有利于对测试资料的正确判断；

④ 在已知主应力方向时，就能测定，此法能简单迅速地测定主应力大小。

(2) 水压致裂法：是利用可膨胀的橡胶封隔器(总长 3.4 m，钻孔承压段长 1～2 m)在已知深度处封隔一段钻孔后，通过水泵注水对封隔段钻孔施压，同时记录水压力随时间的变化，不断升高水压力(钻孔内压力)，当岩石出现开裂时记录下压力值，再换算成试验段的地应力及岩石抗拉强度。

(3) 声发射法：主要是应用声学原理，采用声电转换技术，依据弹性波理论，利用波速参数，结合波幅、波频、波形等特征等来评价岩体的完整性与稳定性。由于声波是地质岩土体的激励响应，因此，该方法被广泛采用。

2. 间接测量法可包括应力解除法、应变解除法、应用地球物理方法等

间接测量法不是直接测量应力，而是借助于某些传感元件或某些介质，测量和记录岩体中某些与应力有关的间接物理量的变化，如岩体中的变形或应变，岩体的密度、渗透性、吸水性、电阻的变化，弹性波传播速度的变化等，然后由测得的间接物理量的变化，通过已知的理论或经验公式计算岩体中的应力

值。间接测量法主要包括：

（1）应力解除法：进一步划分为全应力解除法（套孔应力解除法）、局部应力解除法（包括：切槽解除法、平行钻孔法与中心钻孔法）等。

（2）应变解除法：进一步划分为松弛应变测量法、孔径变形法、孔底应变法、孔壁应变法、空心包体应变法、实心包体应变法等。

（3）地球物理方法：可分为声波观测法与超声波谱法。其中套孔应力解除法是目前国内外普遍采用的发展较为成熟的方法之一。

（四）结构内力监测

采用桩墙结构支挡边坡时，由于结构的稳定性对边坡的稳定性有关键影响，通过结构内力监测可以及时获取结构受力情况，进而了解边坡稳定性状态，实现对边坡的实时监测和评估。结构内力监测可以将结构受力情况转化为可观测的数值或指标，如桩或墙的侧向摆动，桩或墙的位移等，通过监测这些指标来判断边坡的稳定性变化情况。这种边坡监测方法非常适用于边坡稳定性风险较高或挡土墙高度较大的情况，是提高边坡稳定性、防范边坡灾害发生的前沿技术。

规范 8.4.2 条规定，支挡桩（墙）结构内力可采用安装在结构内部或表面的应力应变装置量测。并应符合下列规定：

（1）支挡桩（墙）构筑物内力监测点可沿深度设置，间距宜为 1～3 m，且应在底部向上支挡结构高度的 1/3 处布点。

（2）内力监测值应考虑温度变化等因素的影响。

（3）应力计或应变计的量程宜为设计值的 2 倍，量测精度不宜低于 0.5%F·S，分辨率不宜低于 0.2%F·S。

（4）内力监测传感器埋设前应进行性能试验。

露天煤矿边坡常采用坡率法形成人工边坡。当在边坡顶部或台阶之上设置生产设备或建筑物时，由于边坡的稳定性较差，需要采取支挡桩墙等结构措施进行保护，在此过程中可进行支挡结构内力监测。支挡桩墙结构对边坡的稳定性有着重要影响，因此，通过支挡结构内力监测可及时获知支挡结构受力情况，了解边坡稳定性状态，及时实现对边坡的监测和评估。支挡结构内力监测可以将结构受力情况转化为可观测的技术指标，如桩墙的倾斜、移位等，通过监测这些技术指标来判断边坡的稳定性情况。该方法被广泛应用于边坡稳定性评估，以及边坡灾害防控等领域中。

（五）锚杆（索）应力监测

预应力锚杆（索）的应力变化将会同时受到边坡体变形和内在荷载变化的

影响，间接地反映了边坡体内应力应变的动态变化。所以当边坡工程采用锚杆（索）进行支护或通过锚杆（索）应力应变来反映边坡荷载变化时，应对锚杆（索）进行应力应变的实时监测（图 3-5-11、图 3-5-12），以便适时掌握边坡的变形情况与稳定状况。

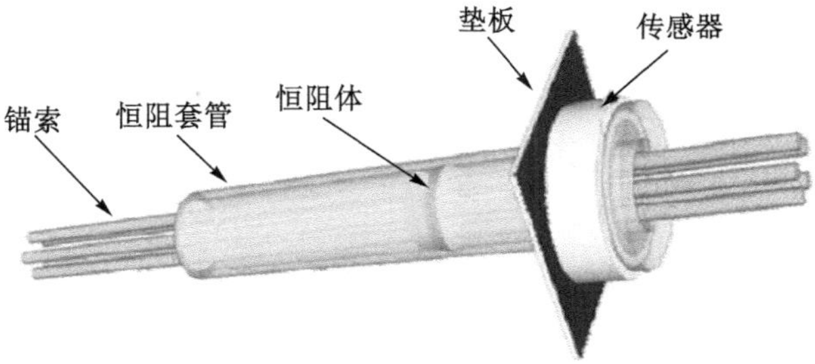

图 3-5-11 锚索监测示意图（一）

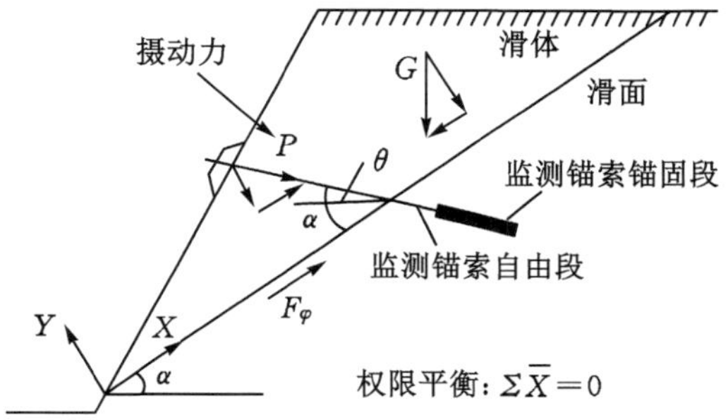

图 3-5-12 锚索监测示意图（二）

三、地下水监测

（一）基本规定

地下水对露天煤矿采场边坡及排土场边坡工程的稳定起着至关重要的作用，地下水往往是边坡失稳的诱发因素，也是边坡失稳滑动的润滑剂。因此，必须对边坡影响范围内的地下水进行系列动态监测，以有利保证边坡的安全稳定运行与管理，确保露天煤矿的生产安全，避免和减少人身生命财产的损失。

露天煤矿的建设和生产是一个连续的系统工程，从资源勘探、岩土工程勘察、边坡工程勘察、水文地质勘察、工程设计到建设和开采生产，都需要对地下水进行系列动态监测。在进行露天煤矿边坡工程地下水动态监测时，需要综合考虑煤田地质资源勘查、边坡工程岩土工程勘察、水文地质勘察、露天矿开采进度以及地下水控制方案等工作，以确保监测数据的准确性、全面性和可靠性。此外，在露天煤矿的建设和生产过程中，应该进行长期的地下水监测，以便及时发现地下水的动态变化趋势，对可能产生的地下水问题进行合理规划和控制，并保障露天煤矿的顺利开采和生产。

在进行露天煤矿边坡工程地下水动态监测时，需要监测的内容包括地下水水位、水量、水温、水质、地下水压以及边坡渗出量等指标。对于边坡工程而言，其稳定性往往受软弱层控制，而这些软弱层多是饱和弱透水地层，监测这些软弱层中地下水压力的变化成为边坡监测中重要而有效的手段之一。露天煤矿采场边坡坡面往往会出现地下水出露点，这可以间接地反映地下水压力的变化情况。

进行地下水动态监测点的设置时，应充分利用已有的资源勘探孔、水文地质勘测（监测）孔、边坡勘测（监测）孔、疏干降水井、边坡地下水出露点和泉等，实现一孔多用的效果，同时还需确保在时间和空间上连续和共享。这样可以节约工程和生产成本，并且保证各个不同阶段的监测孔的连续性和一致性。

规范 9.1.5 条规定，地下水动态监测线、孔的布置，应控制监测边坡工程影响范围内的地下水动态。根据不同的监测目的，监测孔、线的布置宜符合下列规定：

（1）监测孔应具有一种或多种观测功能。

（2）查明各含水层之间的水力联系时，可分层布置监测孔。

（3）需要获得边界地下水动态资料时，监测孔宜在有代表性的边界地段布置。

（4）需要获得用于计算地下水径流量的水位动态资料时，监测线宜垂直和平行计算断面布置。

（5）需要获得用于计算地区降水入渗系数的水位动态资料时监测孔宜在有代表性的不同地段布置。

（6）需查明地下水与地表水体之间的水力联系时，监测线宜垂直地表水体的岸边线布置。

（7）需查明开采疏干降水过程中地下水下降漏斗的发展情况时，宜通过漏斗中心布置相互垂直的两条监测线。

（8）为满足地下水数值法模拟计算要求，监测孔的布置应保证对计算区各分区参数的控制。

地下水动态监测，监测孔的布置要做到既要达到目的，又要节约投资，因此，监测孔要做到一孔多用，既可节约投入，又有利于观测资料的统计和系统地对比分析。同一个监测孔可同时具有地下水水位监测、水量监测、水温监测、水质监测等多个功能。地下水动态监测网可根据不同的需要将其中具有相同功能的监测孔划定为同一个类型，如地下水位监测网、地下水量监测网、地下水温监测网、地下水质监测网、地下水压监测网等。

为了明确地表水和地下水之间的水力联系，需要在进行地下水动态监测的同时对相关的地表水动态进行监测。地表水在地下水水文过程线形成中扮演着重要的角色，是地下水的主要补给来源。蒸发作用是潜水排泄的一种方式，也是导致浅埋潜水含水层水位昼夜周期变化的主要原因。如果当地表水靠近边坡时，该地表水一般与边坡范围内的地下水存在一定的水力连接。因此，在进行地下水动态监测时，应当同时监测边坡附近的地表水动态，以了解其是否存在水力联系。

（二）地下水位监测

规范 9.2.1 条规定，地下水位监测宜通过钻孔设置水位监测管，并应符合下列规定：

(1) 根据现场监测条件、监测精度与监测频率要求，地下水位监测可采用测绳、水位计或地下水多参数自动监测仪等。

(2) 水位监测应从固定点量起，并应将读数换算成从地面算起的水位埋深及标高。

(3) 每次测量水位时，应记录观测井近期是否进行疏干降水以及是否受到附近疏干降水井的影响。

(4) 采用测绳测量水位前，应对其伸缩性进行校核，并应消除误差。

(5) 采用电测水位仪时，应检查传感器的导线和测量用导线连接是否牢固，连接处应采用绝缘胶带仔细包扎，并应检查电源、音响及灯显装置是否正常，测量用导线应做好长度尺寸标记。

(6) 安装自记水位仪的观测点，宜每个月用其他测量设备对地下水位实测 1 次，以核对自记水位仪的记录结果；应在安装后第一个月及以后每半年，用其他测量设备实测 2 次水位，核对自动监测仪的记录结果。

(7) 当承压水水头高于地面时，可用压力表测量水位，当水头高出地面不多时，也可采用接长井管或测压管的方法测量水位。

地下水对于露天煤矿边坡的稳定至关重要，其水位高低可以直接反映地下水流网的情况。因此，在露天煤矿边坡工程的监测工作中，地下水位是非常关键的监测项目之一。此外，相对于其他监测项目来说，地下水位监测方法简单且易于操作。绝大多数情况下，钻孔设置地下水位监测管是被采用的常规方法。

在进行地下水位监测时，需要进行分层观测，并确保水位观测管的滤管位置和长度与被测含水层的位置和厚度保持一致。同时，为了确保测量准确性，需要采取有效的隔水措施来隔离被测含水层与其他含水层之间的干扰。

地下水位的具体情况往往并不是单一的含水层，而是包括多种不同的水体，如上层滞水、潜水、岩石裂隙水等。每个含水层的地下水性质也不同，尤其是岩石裂隙水往往具有一定的承压性，针对不同性质的含水层，需要分别进行观测。不同的含水层之间也存在一定的水力联系，为避免相互干扰，需要采取有效的隔离措施。

（三）地下水量监测

对于地下水量监测，可采用多种监测方法，如流量表法、流量计法、堰测法和流速仪法等。由于地下水对于露天煤矿采场边坡以及排土场边坡工程的稳定性具有极大的影响，因此地下水量的大小往往会在某些条件具备的前提下决定露天煤矿边坡的稳定性。一般来说，当地下水量过大时，边坡容易发生滑坡；当地下水量不大但地下水影响到结构面或弱层强度时，边坡的稳定性也会受到影响。因此，在露天煤矿边坡工程监测中，地下水量的监测尤为重要。

本规范规定了地下水量监测可采用的工作方法。

（四）地下水温监测

在进行地下水温监测时，根据工作要求可以选用多种监测仪器，如水银温度计、缓变温度计、热敏电阻温度计和电导温度计等。如果条件允许，也可以采用自动测温仪进行监测。

目前国内外关于地下水温度对露天煤矿边坡稳定性影响的专项研究尚显匮乏，尽管在广泛地域内，地下水温度并非是直接决定露天煤矿边坡稳定性的核心因素，但其波动却可视为地质环境中其他潜在影响边坡稳定性因素（诸如地质构造活动、水文地质条件变动等）变化的间接指示器。鉴于此，建议实施对地下水温度的持续监测措施，以期通过这一途径，间接洞察并预警可能威胁边坡稳定性的地质与环境变动。

（五）地下水质监测

地下水质监测在工程设计阶段可以收集利用已有的相关资料。而在工程建设和开采阶段，需要进行实际的监测工作。

在进行地下水质监测时，一般采用水质简易分析项目进行日常监测。如果地下水质出现污染或者需要查明边坡地下水来源时，需要对边坡周边环境进行综合分析，并相应增加相关监测项目。

在进行地下水质监测时，应当按照不同的工作目的选择不同的分析项目，如简易分析、全分析、特殊分析和专门分析。对于露天煤矿边坡工程的地下水质监测，一般选取水质简易分析项目即可满足工程需要。

规范 9.5.3 条规定，水质监测频率可根据水质变化情况确定，常态下可每 1～2 a 监测 1 次，当地下水质发生突变时，应加密监测频率，可每月监测 1 次；直至连续 3 个月监测值趋于稳定后，可恢复常态监测。

地下水质监测的频率可根据水质变化情况确定。在常态情况下，地下水质监测频率一般为每 1～2 a 进行 1 次。但如果发现地下水质发生突变时，需要加密监测频率，并可将监测频率调整为每月进行 1 次。

在进行加密监测时，应当持续进行连续 3 个月的监测，直至地下水质的监测值趋于稳定。一旦监测值已经趋于稳定，地下水质监测的频率就可以恢复为常态监测。这样可以确保在地下水质发生变化时，能够及时发现，并采取相应的措施以保持边坡的稳定。

规范 9.5.4 条规定，对水和土的腐蚀性进行评价时，应按现行国家标准《岩土工程勘察规范》(GB 50021)的有关规定执行。

露天煤矿边坡工程的稳定性往往不会受到地下水和土的腐蚀性的影响。因此，在进行露天煤矿边坡工程监测时，一般不会对地下水和土的腐蚀性进行评价。但是，当边坡需要采取工程措施进行支护时，应该对地下水和土的腐蚀性进行评价。

（六）地下水压监测

规范 9.6.1 条规定，地下水压监测应包括下列内容：

(1) 测定岩土体内部地下水压力及其变化值，结合边坡渗流场的分析，用于确定边坡稳定性分析和地下水控制所需的地下水水压。

(2) 通过地下水压监测数据评估地下水控制效果。

地下水压监测资料对于边坡地下水控制具有重要意义，它可以提供关键的依据，以用于边坡稳定性评价和指导地下水控制工程的实施。地下水压力是影响边坡稳定性的一个重要因素，对地下水压力进行实时和连续的观测，可以帮助工程师及时了解边坡处地下水压力的变化规律，及时制定相应的监测方案，提出保持边坡稳定的各项措施。同时，对边坡进行地下水压力监测也能够评价地下水控制措施的有效性。

规范 9.6.2 条规定，地下水压监测应建立水压计网络。测线布置应在采掘场周围选择有代表性的剖面。建立水压计网络，根据地下水在岩土体中流动所遵循的路线即流线与等势线所形成的流网，以获得岩层内部水压的分布。

采用地下水控制措施的边坡在采矿作业过程中应当安装水压计。设置水压计有利于在地下水控制工程实施之时能够实时监测边坡周边地下水的变化情况。由于地下水压力对边坡稳定性具有极大的影响，对边坡进行实时的水压力监测将有利于掌握边坡的变化情况，及时处理各种异常情况，确保地下水控制措施的实施效果和生产安全。

在钻孔内进行水压监测需要满足一定的技术要求。首先，钻孔必须采用清水钻进的方法，以确保钻孔内部的环境干净清洁，不会对监测结果产生影响。其次，应确保层面和滑面等位置的清晰可见，便于观测和分析钻孔内部水压的变化。根据具体条件可以选择适宜的封孔方法，以确保地下水层严格封闭，避免水压监测数据失准或者无法得到有效的监测结果。最终目的是要确保监测的成功，从而为地下水控制提供可靠的数据支持和技术保障。

规范 9.6.6 条规定，地下水压监测仪器设备应定期进行系统标定，且在使用前应经过检验。

地下水压监测仪器设备应按照规定周期定期进行系统标定。定期标定地下水压力监测仪器设备，可以检测仪器的准确性，保证监测结果的正确和可靠性。另外，地下水压监测仪器在使用前还需要进行检验，以确定其能够正常运行，达到要求的技术性能指标。这样可以大大提高地下水压力监测仪器设备的使用效率和监测精度，同时也能够减少监测过程中出现问题的概率，确保监测数据的准确性和可靠性。规范 9.6.7 条规定，观测资料应及时整理分析，并应绘制地下水压、降水量的历时曲线，同时应结合勘探资料分析监测成果，并应提交地下水压监测报告。

（七）边坡渗水监测

规范 9.7.1 条规定，露天煤矿边坡渗水监测可包括边坡渗流浸润线监测与渗流量监测。由于露天煤矿水文地质条件的复杂性，导致地下水疏干的不彻底，从而在露天煤矿边坡上会出现渗水出露点或形成边坡渗流浸润线。为了更好地监测边坡坡面露头地下渗水情况，有必要对露天煤矿边坡渗水进行监测。

边坡渗水量监测是露天煤矿地下水监测的重要组成部分，其监测方法应基于现场实际条件，可以选择容积法或量水堰法等适当的方法。值得注意的是，边坡渗流水量通常呈点状分布，相对不连续，因此在选择监测方法时需要充分考虑现场情况的差异。

四、其他监测

（一）基本规定

除了进行上述监测外，还应对露天煤矿边坡工程的其他项目进行监测，包括边坡巡视、降水量、气温、爆破震动等监测项目。

规范 10.2.2 条规定，边坡巡视监测人员应符合下列规定：

（1）边坡巡视人员中应由一名经验丰富、熟悉本工程情况的水工环地质专业工程师负责，并应有熟悉本工程的测量与采矿专业工程师参加。

（2）边坡巡视人员应相对固定、连续，不得任意抽调或更换。

（3）当发生滑坡等特殊情况时，边坡巡视检查组可聘请有关专家组成，但日常边坡巡视人员应参加。

露天煤矿边坡工程监测是不可或缺的重要手段，通常需要采用仪器设备进行精准监测。然而，由于受到某些因素的影响，仪器监测可能无法完全覆盖整个需要监测的边（滑）坡面。因此，作为边坡监测工作的一种重要补充，采用地表人工边坡巡视监测具有必要性。

边坡巡视监测主要通过巡视人员采用简易工具对边（滑）坡进行人工巡视检查开展，其核心是人工目视观察，辅以简易工具测试，因此，巡视人员的业务水平与现场经验至关重要。针对此类监测方法，规范特别对巡视人员的专业要求、业务素质以及人员组成等方面提出了具体规定，以确保监测工作达到高效准确的效果。

规范 10.2.3 条规定，边坡巡视监测应包括日常巡视、年度巡视与特殊巡视。

日常巡视：在建设与开采施工期，对由人工剥离、采掘形成的露天煤矿采场边坡和排弃物料堆积形成的排土场边坡进行定期的经常性巡视，巡视频率正常情况下可每月 1～2 次。

年度巡视：由于水对露天煤矿边坡的影响非常大，因此，建议边坡年度巡视重点安排在每年汛期的中后期，每年可安排 2～3 次。

特殊巡视：发生特殊情况下的边坡巡视监测，如出现可能会发生边坡失稳、滑坡、崩塌、泥石流征兆以及遇到地震、洪水等突发性事件时对边坡进行的边坡巡视；巡视频率应根据边坡失稳的发展速度、失稳规模以及危害程度等确定，但每天不得少于 1 次。

规范 10.2.5 条规定，边坡巡视监测应形成记录，并可根据边坡巡视情况确定是否形成报告。边坡巡视监测记录应符合下列规定：

（1）边坡巡视监测记录应包括：时间、地点、参加人员、巡视日期和内容以及巡视中发现的问题。

（2）边坡巡视监测记录可采用文字、照相、摄像和素描等。

每次进行边坡巡视监测后，应当形成记录，并将原始记录保存归档。规范对边坡巡视记录的内容做出了具体规定。针对是否形成边坡巡视监测报告，可以根据实际情况进行决定。通常情况下，日常巡视可不形成报告，但年度巡视和特殊巡视应当形成报告以便进行资料汇总和管理。

（二）降水量监测

建议采取雨量器(图 3-5-13)进行降水量的人工监测。雨量器监测相对简单易行。如果需要自动化监测,可以考虑使用自记雨量器、遥测雨量器、自动预报雨量器等设备进行监测。这些设备可实现降水量的自动记录和传输,能够方便快捷地完成监测任务。

图 3-5-13　雨量器

（三）气温监测

为保障露天煤矿边坡安全稳定运行,需要对其施工、运营过程进行监测。监测项目的选择需要根据露天煤矿所在地区实际情况来确定,其中气温是一个重要的监测项目。在东北、西北等高寒地区的露天煤矿中,寒冷的气温是影响边坡稳定的重要因素之一。因此,在这些地区的边坡监测中,应当选择气温作为监测项目,以便及时发现气温对边坡稳定造成的潜在危害。

气温是指大气的温度,气温记录可以表征一个地方的冷热状况特征,是地面气象观测中所要测定的常规要素之一。规范规定气温是在植有草皮的观测场中离地面 1.5 m 高的百叶箱中的温度表上测得的。气温分为定时气温、日最高气温、日最低气温。气温的单位用摄氏度(℃)表示。

最高温度表:是专门用来测定一定时间间隔的最高温度的,它的构造是在球部底处置一根玻璃针,直伸到毛细管口,使毛细管口变窄。温度上升时,水银膨胀,压力增大,迫使水银挤过狭管上升;温度下降时,因无足够压力使水银挤过狭管回到球部,水银柱就在狭管处断裂,于是狭管以上这段水银柱的顶端,就保持在过去一段时间内温度表曾感受到的最高温度示数上,因而可测得最高温度。最低温度表：是专门用来测定一定时间间隔的最低温度的，它用酒精做测温液，在毛细管内放一枚游标，温度上升时，酒精膨胀可越过游标上升，而游标本身由于顶端对管壁有足够的摩擦力，能维持在原处不动。温度下降时，酒精柱收缩到与游标顶端相接触时，由于酒精液面的表面张力比游标对管壁的摩擦力要大，使游标不致突破酒精柱顶而借液面的表面张力带动游标下滑。也就是说，游标只能降低，不能升高。所以，游标离球部较远一端的温度就是一定时间间隔内曾经出现过的最低温度。

干湿球温度表：即普通的温度表，测温液体为水银，用普通的温度表可以测定任一时刻的气温变化。

（四）爆破振动监测

对于露天煤矿开采爆破对采场和排土场边坡工程的爆破振动效应，建议通过爆破振动监测（图 3-5-14）或爆破试验来确定。在特殊建（构）筑物附近、爆破条件复杂和爆破振动对边坡有影响的地区进行爆破时，必须进行爆破地震效应的监测或试验，以确保被保护物的安全性。露天煤矿的开采爆破振动是影响采场边坡安全稳定的主要因素之一，因此强调进行爆破振动监测工作。

图 3-5-14 现场爆破监测图

露天煤矿开采活动，势必会进行不同条件下的爆破，爆破安全稳定要引起各方的重视，尤其是煤矿所具有的特殊性，因此，本条款进一步强调针对露天煤矿的特殊性，编制专项爆破振动监测方案，并制定工程安全措施。

规范 10.5.3 条规定，爆破振动监测应对爆破过程中爆破质点振动的速度、加速度及分布规律进行监测，并分析确定爆破振动对边坡工程的振动影响。爆破质点振动的速度与加速度是影响边坡稳定的重要因素，应进行监测；同时也可根据监测结果，分析开采爆破对边坡稳定性的影响，为露天煤矿正确实施爆破控制、调整爆破参数、优化爆破设计方案提供必要的依据。

《煤矿安全规程》第五百三十四条(二)规定，爆破地震安全距离应按下式计算：

$$R=(k/v)^{1/\alpha}\cdot Q^{m} \tag{3-5-1}$$

式中 R——爆破地震安全距离，m；

Q——药量(齐发爆破取总量，延期爆破取最大一段量)，kg；

v——安全质点振动速度，cm/s；

m——药量指数，取 $m=1/3$；

k、α——与爆破地点地形、地质条件有关的系数和衰减指数，见表 3-5-5。

表 3-5-5 爆区不同岩性的 k、α 参考值

岩性	k	α
坚硬岩石	50～150	1.3～1.5
中硬岩石	150～250	1.5～1.8
软岩石	250～350	1.8～2.0

规范 10.5.4 条规定，爆破振动监测传感器的安装应与被监测边坡之间刚性黏结，并应使传感器的定位方向与所测量的振动方向一致。传感器固定可采用下列方法：

(1) 被监测边坡为坚硬岩石时，宜采用环氧砂浆、环氧树脂胶、石膏或其他高强度黏合剂将传感器固定在坚硬岩石表面。

(2) 被监测边坡为土体时，可先将表面松散土体夯实，再将传感器埋入夯实的土体之中，并使传感器与土体紧密接触。

(3) 当需在边坡体的钻孔中设置爆破监测点时，应在钻孔中预埋传感器并填充水泥砂浆，使传感器轴线垂直于边坡坡面。

(4) 传感器电缆应连接可靠、放置平稳，电缆接头的绝缘、屏蔽效果要保持完整。

爆破振动监测传感器的安装对监测精度具有重要影响。如果传感器与被监测边坡体连接不稳或虚联，传感器无法真实反映爆破质点振动的速度、加速度及分布规律，进而直接影响振动波传递效果。因此，本条重点强调了爆破振动监测传感器的安装规定。

第六节 自动化监测

一、一般规定

自动化监测系统是现代工业生产中不可或缺的重要组成部分，因此其设计原则需要遵循实用、可靠、先进、经济和环保等方面的要求。

首先，实用性是设计原则的核心要求。监测系统必须能真正满足用户的需求，其功能和性能应该尽可能地贴近生产实际，能够准确地检测和反映目标物质或能量的变化情况，为生产决策提供可靠的数据支持。

其次，监测系统必须具有高度的稳定性和可靠性，能够在长期高负荷的工作环境下保持良好运行状态，确保数据采集和处理的准确性。

再次，先进性是设计原则的重要考量。监测系统需要融入先进的科技，尤其是人工智能、物联网、云计算等技术的应用，以提高监测效率、降低成本和优化决策。

最后，经济性和环保性也是设计原则不可忽视的方面。监测系统应该在不影响其功能和性能的前提下注重成本和资源的节约，降低投资和运营成本；同时还需要减少污染和浪费，优化能源利用和减少环境影响。

对于监测仪器设备来说，准确、简单、稳定、易于维护、改造和升级也是设计原则要遵循的方面。设备在设计上应考虑准确度的提高，同时为了减少出错率，应该做到简单易用；设备的使用寿命应该长，且易于维护维修，同时考虑了后期可升级性，以满足用户需求的变化。规范 11.1.1 条规定，自动化监测系统应遵循实用、可靠、先进、经济和环保的设计原则，监测仪器设备应力求准确、简单、稳定、便于维护、易于改造和升级。

（一）适用自动化监测区域

规范 11.1.2 条规定，边坡工程监测区域符合下列条件之一时，宜进行自动化监测：

（1）边坡工程监测区域进入第Ⅱ监测阶段时。

（2）人工监测难以实施或有危及人身安全的监测区域。

（3）处于无人值守的边坡监测区域。

（二）自动化监测注意事项

规范 11.1.3 条和 11.1.4 条规定，自动化监测系统应定期进行维护，并制定完善的管理制度。重要区域的自动化监测宜采用一套及以上监测系统。

自动化监测系统是工业生产的关键部分，它能够实现自动化采集、处理、存储和传输数据，为企业提供科学的决策依据。但是，由于设备的长期使用和环境的恶劣情况，自动化监测系统也会出现各种问题，因此需要定期进行维护和管理。

首先，定期维护自动化监测系统是确保其正常运行的基础。维护工作包括设备的巡检、保养、维修和升级，以及数据的备份和恢复等，保证了设备的可靠性和稳定性，也让数据得到了有效的保障。

其次，制定完善的管理制度是确保自动化监测系统规范、高效运转的重要保障。管理制度需要包括监测系统管理运行流程、数据安全保障、技术团队的职业能力提升、数据共享和交流等多方面内容，为设备的正常运行和数据的有效使用提供了保证。

最后，在重要区域的自动化监测方面，应该采用一套及以上的监测系统，以确保数据的准确性和可靠性。同时，设备不同的监测系统之间需要有数据互通和共享的机制，以保证数据整合和综合分析的有效性。

总之，对于自动化监测系统来说，定期的维护和管理制度的建立，以及在重要区域采用一套及以上的监测系统是具有重要意义的，这可以保证自动化监测系统长期稳定地工作，为工业生产提供可靠的保障。

二、系统设计

（一）自动化监测系统组成

自动化监测系统根据现阶段的产品，可由远程自动化监测系统（因现阶段边坡监测技术多样化，本规范将现场的监测设施统一规划到远程自动化监测系统中）、传输系统、监测中心系统三大部分组成。远程自动化监测系统可包括监测传感器、视频监控、自动化监测站（可分为采集功能和采集/处理功能两类，即采集站和管理站）、自动化监测站房、线缆、电源及防雷接地装置等；传输系统可包括有线或无线的收发装置、传输线缆等；监测中心系统可包括监测数据分析、处理、显示、存储的软件和硬件设施，如计算机、存储硬盘系统、显示器或大屏幕、专用软件、电源及防雷接地装置等。

规范 11.2.1 条规定："自动化监测系统可包括远程自动化监测系统，传输系统，监测中心（数据分析、处理、显示、存储）系统组成。远程监测系统通过现场传感器、自动化监测站等采集/处理数据，并通过有线或无线的传输系统传至监测中心，经过专业人员及软件分析、处理、显示、存储。"

（二）现场监测设备

监测仪器、传感器等现场监测设备是在边坡工程监测中必不可少的工具，用于监测边坡变形、位移、应力等关键参数的变化情况。为了确保监测的准确性，需要根据监测项目和内容的要求选择适合的监测设备，并且要符合相关的规定。

不同的监测项目需要不同的监测设备，如边坡位移需要使用位移传感器、应力传感器等设备，而边坡变形则需要使用闭合测量体、三角测量装置等设备。在选择设备时，还需要考虑其测量原理、测量范围、测量精度和稳定性等因素，保证选用的设备能够满足监测工作的需要。规范 11.2.2 条规定："监测仪器、传感器等现场监测设备，应根据监测项目、内容选择，并应符合本规范相关的规定。"

此外，监测传感器的选择还需要考虑监测区域的环境条件，以保证设备的正常工作。在边坡工程监测中，常常会遇到环境恶劣的监测条件，如高温、寒冷、潮湿等情况，因此需要选用适应环境变化的传感器，以保证设备的正常工作。

同时，监测传感器还需要满足边坡工程监测的精度和量程要求。在正常的边坡监测中，往往需要对较小的位移变化进行监测，因此传感器的精度和量程是非常重要的。为了保证精确的监测数据和良好的监测效果，设备的精度应该达到规定的标准，且量程要与监测范围相适应。规范 11.2.3 条规定："监测传感器应适应监测区域的环境条件，并应满足边坡工程监测精度、量程等要求。"

值得注意的是，在监测方式中采用视频监测会更加直观。视频监测通常指利用视频设备进行观察、记录和管理的技术，与传统的监测手段相比，它具有更加直观、全面、准确、可靠等优点。但是，为了保证视频监测的有效性和合规性，其适用条件会更加苛刻，因此本规范规定了视频监测的设计原则。规范 11.2.4 条规定："采用摄像机进行视频监测时，应对边坡进行宏观视频监测，监测范围应覆盖主要坡面。视频监测设计应符合现行国家标准《视频安防监控系统工程设计规范》GB 50395 和《民用闭路监视电视系统工程技术规范》GB 50198 的有关规定。"

（三）自动化监测站

自动化监测站可分为自动化监测采集站和自动化监测管理站，还可分为户外式和户内式。户外式多为自动化监测采集站，包含监测数据采集仪器、电源及防雷接地系统等；户内式多为自动化监测管理站，包含站房及站房内的监测数据采集/处理仪器、计算机、电源及防雷接地系统等。一般现场应用户外式自动化监测采集站居多。规范 11.2.5 条及 11.2.6 条对自动化监测站设置安装做出了规定：

自动化监测站设置应符合下列规定：

(1) 自动化监测站不应设置在具有较强电磁干扰设备附近。

(2) 自动化监测站应有防火、防盗和防电磁干扰等防护设施。

(3) 自动化监测管理站应配置监测管理软件和网络通信软件，应能对整个自动化监测系统的采集进行设置和管理。自动化监测管理站应设置在边坡稳定区域。

(4) 自动化监测站站房防火设计应符合现行国家标准《建筑防火设计规范》(GB 50016)的有关规定。

自动化监测站安装时，应对监测仪器设备进行检验、试验、参数标定，并做好详细记录。在改造工程的监测传感器安装时，不宜破坏原有监测设施。自动化监测仪器设备调试时，自动采集数据应与人工监测数据同步比测。

规范 11.2.7 条及 11.2.8 条对自动化监测站基本功能做出了规定。

自动化监测采集站基本功能，应符合下列规定：

(1) 具有自动巡测、选测、自检、自诊断功能。

(2) 具备掉电保护功能。

(3) 具有现场网络数据和远程通信功能。

(4) 具有网络安全防护功能。

(5) 具有防雷及抗干扰功能。

(6) 具有工程所要的精度、量程。

(7) 具有存储数据功能，存储格式应具有多种格式，应具有人工巡检采集数据周期的存储容量。

自动化监测管理站基本功能，应符合下列规定：

(1) 具有本规范第 11.2.7 条规定的基本功能。

(2) 具有处理和分析数据等功能。

(3) 具备人工测量接口，可进行补测、比测。

(四) 自动化监测传输系统

自动化监测系统的数据传输主要包括有线通信、无线通信、混合通信传输等方式。远程自动化监测系统可包含一个或多个自动化监测站。

在条件允许的情况下，传输方式应优先选用有线通信，有线通信比较稳定，故障容易判断，且易于实施。对于有线通信方式条件不具备、不经济或难以实现的情况下，可考虑采用无线传输的方式。边坡监测项目一般都处于野外，现阶段采用无线传输的方式居多。无线传输系统的功率频率等应符合国家无线电管理委员会的有关规定。规范 11.2.9 条规定，自动化监测传输系统，应符合下列规定：

（1）数据传输之间采用开放的通信协议和标准数据传输方式，数据传输宜采用有线传输方式，有线传输难以实现时，可采用无线传输方式。

（2）根据工程实际选用定时、随机、实时、直接等通信方式。

（3）远程数据传输必须采用具有校验功能的通信协议，能够及时纠正传输错误的数据包。

（4）传输系统设计除满足上述规定外，尚应符合国家现行标准的有关规定。

（五）监测中心

规范 11.2.10 条规定，监测中心应符合下列规定：

（1）监测中心宜设置在露天煤矿调度中心。

（2）监测中心应配备计算机管理用的软硬件设施，满足露天煤矿安全生产、边坡工程维护与管理的需要。

（3）监测中心应配置专用调度和行政电话。

（六）自动化监测数据存储

自动化监测数据存储是指对自动化监测设备采集的数据进行记录、保存和管理，以便后续分析和利用的过程。其目的在于提高监测数据的可靠性、准确性和实时性，从而更好地监控和管理环境和设备状态。在实践中，自动化监测数据存储可以采用不同的技术手段，如数据库、文件系统、云存储等。此外，与传统的数据存储相比，自动化监测数据存储还需要具备以下特点：实时性强、容错能力好、扩展性高、易于维护等。

规范 11.2.11 条规定，自动化监测数据存储应符合下列规定：

（1）原始监测数据应全部储存入数据库。

（2）数据存储应采用开放型的标准关系数据库，并具有足够的数据库容量和网络共享功能，良好的可扩充性和快速的检索功能。

（3）存储的监测数据应便于维护、定期自动的备份和数据库应用开发，备份的数据与主数据库存放在不同服务器中。

（4）监测历史数据可转换为 TXT、Excel 等多种文件格式保存，并满足监测中心数据库对数据的备份、共享和数据传递等操作。存储的数据需要时可方便提取，并可在通用的计算机中读取。

（七）自动化监测计算机管理

自动化监测计算机管理是指对自动化监测系统中的计算机设备进行规划、配置、维护和优化的管理过程。自动化监测系统涉及各种计算机设备，如传感器、控制器、数据采集卡、存储服务器等，而这些设备往往需要配合和协同工作，才能实现全面、准确的监测运行。

规范 11.2.12 条规定，自动化监测计算机管理应符合下列规定：

(1) 自动化监测系统配置相应的专用系统软件。

(2) 能够对有效数据进行统计和分析，并自动生成各种报表和分析图表。

(3) 可人工录入监测数据及巡查报告。

(4) 具备安全管理功能。

三、系统供配电、防雷及接地

(一) 监测中心

根据研究和大量实践发现，采用两回交流电源供电更加有利于提高监测中心设施供电的可靠性，配置不间断电源(UPS)使监测中心计算机管理设备的供电不致立即中断，同时保证了电源故障时设备的安全及安全停机。

因此，本规范 11.3.1 条规定："监测中心设备宜采用两回交流电源供电，并应配备不间断电源(UPS)。"

(二) 监测仪器

监测仪器设备采用的电源为直流电源，电网交流供电和太阳能供电时，免维护蓄电池组的设置必不可少，同时设置蓄电池组也能够在外部电源断电时保证重要监测设备持续工作。蓄电池容量应根据当地气候特点、监测点的重要性、外部电源重新送电的时间等综合考虑。

采用太阳能电源单独负责一个远程监测站供电已有很多实例，太阳能电源与其他电源的配合，能够提高供电容量及可靠性，并可适当降低蓄电池的容量。太阳能电源系统设计可按照现行国家标准《通信用太阳能电源系统》(GB/T 26264)等相关标准的有关规定执行。露天煤矿电源电压波动较大，采用电源稳压装置能够更好地保护监测仪器设备。因此，本规范 11.3.2 条规定，自动化监测站供电应符合下列规定：

(1) 自动化监测站电源宜采用太阳能电源单独供电或与电网电源、风能电源、柴/汽油发电机组组合的供电方式。

(2) 采用电网电源或太阳能电源时，应配置免维护蓄电池组，外部电源故障时，保证重要监测设备持续工作。

(3) 供配电系统宜具有断电报警功能。

(4) 采用电网交流电源供电时，应设置电源稳压装置。

(5) 监测仪器设备应选用直流供电的设备，电压宜统一。

（三）补充说明

规范 11.3.3 条及 11.3.4 条规定，监测中心、自动化监测站供配电设计应符合国家现行相关标准的有关规定。监测中心、自动化监测站宜采取防雷及接地措施。防雷、接地设计应符合现行国家标准《建筑物电子信息系统防雷技术规范》(GB 50343)、《建筑物防雷设计规范》(GB 50057)和《通信局(站)防雷与接地工程设计规范》(GB 50689)的有关规定。

第七节 露天煤矿采场边坡工程监测

一、一般规定

露天煤矿采场边坡工程监测应根据边坡工程地质复杂程度、水文地质条件、边坡工程监测等级、变形特点和控制要求等选择边坡工程监测内容与方法。

规范 4.1.2 条规定，露天煤矿采场边坡工程监测宜包括下列内容：① 巡查巡视；② 变形监测；③ 应力监测；④ 地下水监测；⑤ 其他监测。

可以综合应用无人机、遥感技术、气体探测仪等先进监测技术，对露天矿边坡与矿内环境进行整体监测并及时反馈数据到指挥中心。同时，针对孔隙率、含水率、土质变化等指标实时进行风险评估，并在必要时采取加强支撑等相关的防范措施。

二、存在采空区情况

规范 4.1.3 条规定：“当露天煤矿采场边坡之下存在采空区等空洞时，应监测已有采空区对露天煤矿采场边坡的影响；当露天煤矿由露天开采转入井工开采时，应监测井工开采对露天煤矿采场已有边坡的影响。”

因为当露天煤矿采场边坡之下存在井工开采采空区时，采空区的变形会给露天煤矿采场边坡的安全带来不利的影响，所以应监测已有采空区对露天煤矿采场边坡的影响。近几年，当露天煤矿开采达到一定深度时，露天开采成本加大，其经济性、安全性等也会显得不太合理，往往会改变采煤方法，采用沿某一露天煤矿边坡转入井工开采的方法，然而，井工开采会对露天煤矿已有边坡的安全稳定带来一系列不利的影响，应监测井工开采对露天煤矿采场边坡的影响，以保证“端帮采煤”的安全顺利进行。

三、露天煤矿采场边坡工程监测

规范 4.2.1 条规定，在露天煤矿采场边坡逐渐形成过程中，应在边坡巡视监测的同时，实时进行地质调查与资料收集工作，宜包括下列内容：

（1）组成边坡土层部分的土类、分布状态、含水情况、物理力学性质等。

通过获取组成边坡土层部分的土类、分布状态、含水情况、物理力学性质等信息，可以帮助了解边坡稳定性问题。其具体原因如下：

土层的物理力学性质对边坡稳定性有很大影响，包括可塑性和抗剪强度等参数。物理力学性质与土壤类型和含水量密切相关，不同土壤类型具有不同的稳定性特征，而含水量也会影响土的强度。边坡土层的分布状况是动态变化的，及时监测分布状态可以及时预防露天煤矿采场边坡塌方的情况。通过收集边坡土层的各项数据，专业人员可以计算出边坡的稳定系数，并在必要时制定相应的措施进行加固或者提醒工作人员注意安全。

（2）组成边坡岩层（岩体）部分的岩石特征、软弱结构层（面）的赋存状态、分布规律、接触关系、接触面的特征及产状等。

因为边坡中的岩石类别、密度、强度和裂纹等特征会直接影响边坡的稳定性。同时软弱结构层（面）是导致错误的偏压应力和渗水压力产生的主要原因，了解其赋存状态、分布规律、接触关系以及产状等特征，有助于更好地分析竖向变形、水力突涌等现象的产生原理。

接触面的特征及产状等信息能提供界面阻力参数和摩擦角参数等数据，为后续的数值模拟提供重要参数。通过收集边坡岩层（岩体）部分的各项数据，专业人员可以计算出边坡的稳定系数，并在必要时制定相应的措施进行加固或者提醒工作人员注意安全。

（3）与边坡稳定有关的各类地质构造，包括断层、褶曲、节理和裂隙等的性质、产状、发育方向及程度、裂隙带宽度与分布密度及充填物等。

需要获取上述信息的主要原因如下：

周围的地质构造会对边坡的稳定性产生显著影响。例如，如果裂隙或断层发育严重，边坡岩体或土体失去原来的连续性，挖掘或采矿活动最终导致边坡坍塌的概率就更大。

而裂隙带宽度与分布密度及充填物等信息可以用来估计水、岩屑和松散物质的传输能力，并确定边坡变形和裂缝扩展的可能位置和方式。

具体地，节理和裂隙方向、倾角以及开裂程度等属性是在边坡稳定性分析中基本建模的关键抽象特征。这些信息对模型和分析的可靠性及准确性影响重大。

通过收集与边坡稳定有关的各类地质构造以及其他数据，可以对边坡进行准确的稳定性评价，并制定相应的监测措施、预警机制和加固方案。

（4）松散层及风化岩石的岩性、次生矿物、岩石破碎程度、与坚硬岩石的接触关系及接触面特征等。

通过了解这些地质结构的情况可以帮助工程人员选择合适的开挖方法和施工技术，减少边坡失稳和滑坡的风险；此外，在施工过程中遇到各种地质问题时，能够及时采取相应的措施来应对不同的地质条件，这样能够保证工程的安全施工和提高施工效率。

(5) 构成边坡体的煤层、煤层顶板及底板的产状、位置、厚度结构以及强度。

边坡受强制力影响，不同产状、强度和厚度的煤层对边坡的稳定性有着不同的影响，因此获取构成边坡体的煤层、煤层顶板及底板的产状、位置、厚度结构以及强度等信息对于评估边坡稳定性十分重要。例如，如果底部煤层比较薄或强度较差，那么可能会出现边坡下滑或者坍塌的情况。

(6) 对已有滑坡，应描述滑坡体的位置、分布范围及滑落时间、滑动方向、滑落面产状及边坡渗水情况等。

已有滑坡体或悬崖的位置、范围及滑落时间、方向、产状及渗水情况等信息对于开展地质灾害风险评估和预测非常重要。这些信息可以为工程施工和安全提供基础参考及提示，并且也是设计可行性研究的必要内容之一。如果当前边坡附近存在滑坡体迹象，则需要对滑坡体变形、滑坡区域土体力学特性和渗流情况进行分析，从而能够有效地预测将来滑坡的可能性，以便采取相应的安全防范措施。

(7) 边坡顶面是否存在已有地面裂缝或出现新的地面裂缝；若发现地面裂缝，应描述地面裂缝的形态、产状及发育情况等。

地面裂缝的产生往往与边坡的稳定有着密切的关系。因此，及时观察并获取地面裂缝的形态、产状及发育情况等信息，可以帮助人们更准确地判断边坡是否存在稳定性问题。根据地面裂缝的特点，可以判断是否存在重大的安全隐患，并采取相应的技术手段来加固边坡，提高工程的稳定性和安全性。

(8) 边坡底脚是否出现底鼓隆起变形现象，若出现，应描述底鼓隆起的分布形态及发育情况等。

边坡底脚是否出现底鼓隆起变形现象及其分布形态和发育情况等信息，是评估边坡稳定性的一个重要指标之一。如果出现了底鼓隆起，说明边坡受到的地质力有所改变，可能会导致边坡的滑动或坍塌。因此，在对边坡进行稳定性评估时，必须充分考虑底脚的变形情况，并针对底部存在的缺陷或不稳定因素进行适当的处理。

四、露天煤矿采场边坡变形监测

露天煤矿采场边坡应进行变形监测，监测点应分别布置在端帮、非工作帮等部位，工作帮可不布置监测点，如图 3-7-1 所示。监测方法应按本规范有关规

定执行(详细内容见本书第三章第五节),并应符合下列规定:

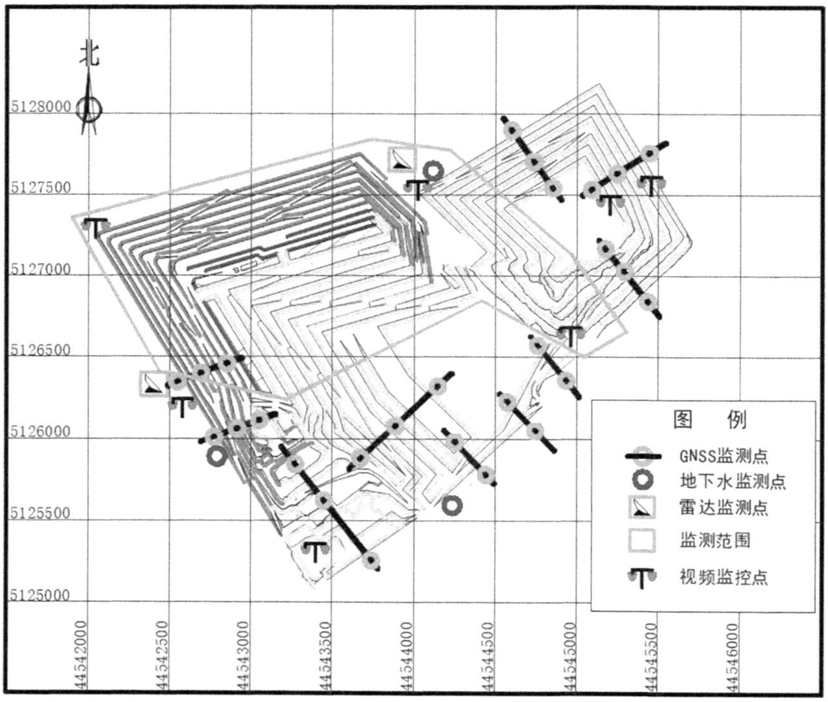

图 3-7-1 露天煤矿某阶段边坡监测点布置图

(1) 在露天煤矿地表最终境界线以外 200 m 内,应建立地表变形和地下变形的永久监测网,其监测线、点布置数量,应根据露天煤矿边坡走向长度、边坡区段的重要性和可实现情况确定。但监测线不应少于 3 条,每条监测线上不应少于 3 个监测点,每个监测分区不应少于 5 个监测点。地下变形监测孔深应达到预想滑动面(层)以下 5～10 m,孔径宜为 108～200 mm。

其中需要对监测网、监测线、监测点的设置做出具体规定,并与现行国家标准《露天煤矿岩土工程勘察规范》(GB 50778)协调一致。

(2) 在采掘场到界边坡上,应建立永久监测网。监测线应根据边坡长度、现场实际条件布设,其间距宜为 200～400 m,但不宜少于 3 条线;监测线上的监测点间距宜为 30～50 m;监测周期应根据地表变形和地下变形的情况确定。在降雨期间或当变形速度加剧时,应增加监测频率,并应及时提交监测报告。

一般来说,到界边坡是指露天煤矿的非工作帮或端帮,边坡的工作时间较长,因此,到界边坡的稳定性至关重要,对于到界的边坡,要求设立永久观测点。本款对露天煤矿到界边坡永久观测点的设立提出了具体的技术要求。结合国家矿山安全监察局《关于开展露天矿山边坡监测系统建设及联网工作的通知》(矿安〔2023〕119 号),坡顶应设监测点,安装位置距离坡顶线不宜大于 30 m;年度边坡稳定性评价报告中鉴定为不稳定的边坡，监测线间距不大于 100 m，监测点垂直距离不大于 50 m。

(3) 对出现地表和地下变形或地质构造复杂、稳定性较差的重要边坡，应建立地表和地下变形的监测系统。地表和地下监测线的数量，应根据地表和地下变形区的范围确定，但不应少于 3 条，每条线上不应少于 3 个监测点。

规范 4.2.2 条强调，露天煤矿采场边坡应进行变形监测，同时监测方法应执行本规范第 7 章的具体规定。

五、露天煤矿采场边坡应力监测

边坡工程应力监测项目的选择，对于露天煤矿采场边坡工程来说，应该主要考虑土压力与地应力的监测；结构内力监测与锚杆(索)监测主要是用于支挡工程的边坡；在实际监测过程中要根据具体情况综合考虑进行选择。

规范 4.2.3 条规定，露天煤矿采场边坡工程应力监测项目，应根据边坡工程监测工作等级及边坡工程实际情况进行选择。应力监测方法应符合本规范第 8 章有关规定。

六、露天煤矿采场边坡降雨量、地表水和地下水监测

规范 4.2.4 条规定，露天煤矿应进行降雨量、地表水和地下水监测，并应符合下列规定：

(1) 在边坡工程设计阶段，降雨量、地表水和地下水监测资料可收集利用已有水文地质资料。

(2) 在露天煤矿建设阶段，露天矿采场边坡与地下水疏干系统会逐步形成，地下水监测网应逐步建立。

即在露天煤矿建设阶段，随着矿山建设的进行，露天矿采场边坡与地下水疏干系统逐渐形成，地下水监测网应逐步建立。在建设初期，需要根据地质条件和工程实际要求布置地下水监测点，同时需要确定监测点的数量、位置及监测参数，并规定监测频次和监测方式等内容，以确保监测工作的有效性和科学性。随着采矿工作的进行，还需要根据边坡稳定性、地下水位变化等情况调整监测方案，逐步建立完善的地下水监测系统。

(3) 在露天煤矿开采生产阶段，露天矿边坡端帮与地下水疏干系统会进一步形成并完善，地下水监测工作应进入常态化管理。

即在露天煤矿开采生产阶段，随着露天矿边坡端坡与地下水疏干系统的进一步形成和完善，地下水监测工作应进入常态化管理。在此阶段，监测工作需要在矿区内设置足够的监测点，对边坡稳定性、地下水位变化等进行实时监测，对监测

数据进行分析和研究，及时发现并处理异常情况，并进行趋势分析和预测。

(4) 露天煤矿采场边坡的地下水监测项目，可根据露天煤矿的已有资料、工程地质条件、水文地质条件等综合分析，进一步选择地下水监测方法，地下水监测应按本规范第 9 章有关规定执行。

(5) 降水量监测方法应按本规范第 10.3 节规定执行。

规范 4.2.5 条规定了露天煤矿采场边坡宜进行爆破震动监测，其监测方法应符合本规范第 10.5 节的有关规定。

对于露天煤矿采场边坡的地下水监测项目，应该根据矿区的已有资料、工程地质条件、水文地质条件等进行综合分析，进行科学合理而又具有实际可操作性的监测选择，采用适当的监测设备和技术手段进行监测，使监测目标明确、监测参数具体化，以保证监测工作的有效性和精确性，并为后期的监测工作提供更为有力的依据和支持。

七、露天煤矿采场边坡爆破震动监测

规范 4.2.5 条规定，露天煤矿采场边坡宜进行爆破震动监测，其监测方法应符合本规范第 10.5 节的有关规定。

在露天煤矿开采过程中，爆破是会频频发生的。爆破振动监测是采场边坡工程监测极为重要的工作之一，因为露天采矿爆破振动对采场边坡工程的影响较大，因此在边坡工程设计时，应充分考虑采矿爆破振动对边坡工程的不利影响，并可进一步优化爆破参数，以减少由于采矿爆破振动带来的不利影响，确保开采生产与边坡工程维护、管理的安全。

八、露天煤矿采场边坡监测温度影响

规范 4.2.6 条规定，当气温对露天煤矿采场边坡稳定性构成影响时，宜监测影响区域内的气温，监测方法应按本规范第 10.4 节的规定执行。

对于地处我国东北、西北以及高寒地带的露天煤矿，寒冷的气温往往会是影响露天煤矿采场边坡稳定的重要因素之一。因此，当气温对露天煤矿边坡稳定具有影响时，宜选择气温监测项目进行监测。

九、露天煤矿采场边坡监测其他因素补充

(一) 露天煤矿采场边坡自动化监测补充

规范 4.2.7 条规定，当露天煤矿采场边坡工程监测进入Ⅱ监测阶段后期时，可采用遥测装置进行自动化监测。自动化监测应符合本规范第 11 章有关

规定。

（二）露天煤矿采场边坡附近建筑物变形观测补充

规范 4.2.8 条规定，距离露天煤矿采场边坡较近的重要建（构）筑物以及运输道路等应进行建筑物变形观测，具体要求应按现行行业标准《建筑变形测量规范》（JGJ 8）有关规定执行。

距离露天煤矿采场边坡较近的重要建（构）筑物以及运输道路，一般是界定在距离边坡顶界 200 m 范围之内的建（构）筑物以及运输道路，其重要程度应参照国家现行标准《建筑地基基础设计规范》（GB 50007）和《建筑变形测量规范》（JGJ 8）确定。

（三）露天煤矿采场边坡工程监测范围

规范 4.2.9 条规定，露天煤矿采场边坡工程监测范围，应包括采场边坡体与采掘场地表境界线以外的影响区，应按本规范附录 C 第 C.0.1 条确定。影响区宽度 L 的确定，应符合下列规定：

（1）开采深度小于 200 m 时，其宽度不宜小于最大开采深度。

（2）开采深度大于或等于 200 m 时，其宽度不宜小于 200 m。

附录 C 第 C.0.1 条内容如下：露天煤矿采场边坡工程监测范围，应包括采场边坡体与采掘场地表境界线以外的影响区，示意图见图 3-7-2。

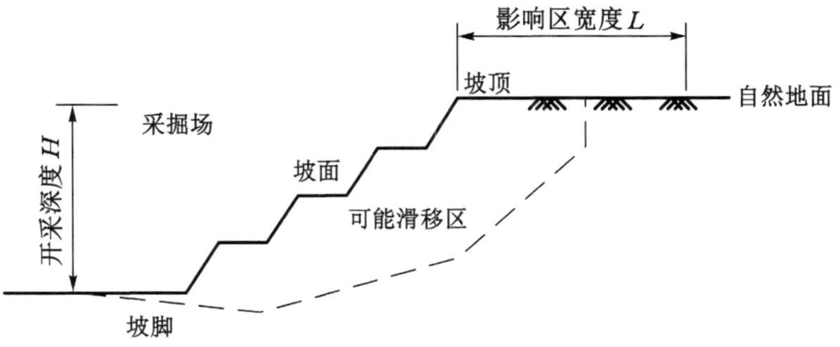

图 3-7-2 采场边坡工程监测范围示意图

第八节 排土场边坡工程监测

一、一般规定

（一）边坡监测内容与方法的选择

露天煤矿排土场边坡稳定性主要与构成边坡的露天煤矿剥离物构成以及

排土场基底的工程地质条件复杂程度有关。

排土场边坡剥离物的内部结构与含水量会对边坡的承载力和变形特性产生影响。同时，排土场基底的基岩质量、地下水水位、节理和断层等地质特征，也会对边坡稳定性构成潜在威胁。

规范5.1.1条规定，露天煤矿排土场边坡工程监测工作应根据排土场基底工程地质复杂程度、水文地质条件、排弃方式、剥离物构成、安全等级、监测阶段、变形特点和控制要求等选择边坡监测内容与方法。

排土场是指在工程施工中，为方便施工而进行人工堆填的土石材料堆场。由于排土场的建设位置通常处于地质条件较差的区域，因此可能存在泥石流的形成风险。为了对排土场进行有效的监测，需要利用各种现代科技手段进行泥石流监测。泥石流监测通常利用遥感技术和水文测量技术等手段，通过对地表或地下水位的变化、土壤水分含量的变化、地面变形、泥石流沿线的地质地貌特征等数据进行实时监测和分析，实现对排土场的泥石流风险的有效预警和预测。规范5.1.2条规定，露天煤矿排土场边坡工程监测，宜包括下列内容：① 巡查巡视；② 变形监测；③ 地表水监测；④ 地下水监测；⑤ 泥石流监测；⑥ 其他监测。

该条规定了露天煤矿排土场边坡工程监测的内容，其他内容与上一节内容相似，主要增加了泥石流监测。

（二）采空区

当露天煤矿排土场边坡之下存在井工开采采空区时，采空区的变形会给露天煤矿排土场边坡的安全带来不利的影响，应监测已有采空区对露天煤矿排土场边坡的影响。

二、排土场边坡工程监测

（一）排土场边坡巡视

规范5.2.1条规定，露天煤矿排土场边坡工程应结合边坡巡视进行地质调查与资料收集工作，宜包括下列内容：

（1）构成排土场边坡基底地层的岩、土特征，地层结构及分布产状等。

地层构造和岩、土特性对排土场边坡稳定性具有重大影响，因此需要进行详细的地质调查。首先要关注基底地层的岩性特征，如岩石的颜色、质地、厚度等方面的特征，以及基底的土壤特性如黏性、干湿状态等。此外，还需要对基底地层的地层结构、分布产状等方面的特征进行详细记录和分析，以确定基底的稳定性和强度等参数，为后续的工程设计提供依据。

(2) 构成排土场边坡的排弃物料成分，岩、土比例，粒度大小、排弃方式以及排弃速度等。

这些因素直接影响排土场边坡的形态、坡度、稳定性等方面，需要进行详细的测量和分析。例如，要了解排土场边坡的具体成分如煤炭、泥土或石头等，以及比例和粒度大小的分布情况，以判断边坡的坡度、稳定性、抗冲刷能力等。此外，要了解排弃物料的排放方式和速度等因素，以便进行有针对性的防范措施。

(3) 排土场边坡各台阶及边坡顶面沉陷裂缝的走向、长度、宽度、深度以及发展速率等。

这些参数可以反映出边坡的稳定性变化趋势，需要得到及时记录和分析。例如，对于边坡出现的沉陷裂缝，需要记录其位置、长度、宽度和深度等参数，以及裂缝的发展速率和变化趋势，以便及时确定排土场边坡的稳定性变化趋势，并采取措施进行防范。

(4) 对于软基底排土场，应重点调查排土场边坡底脚是否出现底鼓隆起现象，若发现底鼓隆起现象，应描述底鼓隆起的条带分布、走向、长度和宽度等。

要对软基底条件下的排土场进行重点调查。软基底的特点是承载力较弱，容易形成底鼓现象，所以要特别关注受软基底影响的边坡。要查明底鼓隆起现象的存在情况，包括其条带分布、走向、长度和宽度等特征，以便及时掌握排土场边坡的稳定状态，并采取相应的措施进行防范。

(二) 露天煤矿排土场边坡变形监测

露天煤矿排土场边坡变形监测应选择重要坡段布置监测点，布置方法见图3-7-1。监测方法应按本规范第7章有关规定执行。

对监测网、监测线、监测点的设置做出具体规定，并与现行国家标准《露天煤矿岩土工程勘察规范》(GB 50778)协调一致。同时还应符合下列规定：

① 在距离村镇、公路、铁路、河流较近的排土场边坡段，应建立地表变形和地下变形的永久监测网。

② 监测线、孔布置数量，应根据排土场边坡的走向长度、边坡区段的重要性和可实现情况确定。但监测线不应少于3条，每条监测线上不应少于3个监测点。露天煤矿边坡工程监测点布置示意图见图3-7-1。

(三) 露天煤矿排土场边坡应力监测

对于露天煤矿排土场边坡工程来说，边坡工程应力监测项目的选择应该主要考虑堆积排弃物土压力与排土场基底应力。规范5.2.3条规定，露天煤矿排土场边坡工程应力监测，宜监测堆积排弃物土压力与排土场基底应力的变化，应力监测应符合本规范第8章有关规定。

（四）露天煤矿排土场边坡地下水监测

规范对露天煤矿排土场边坡工程地下水监测做出了具体规定，特别强调地下水监测应分阶段进行不同的工作。

规范 5.2.4 条规定，露天矿排土场边坡的地下水监测应符合下列规定：

① 在排土场工程设计阶段，地下水监测资料可收集利用已有水文地质资料。

② 在露天矿排土场初期阶段，地下水监测网应逐步形成并完善。

③ 在露天矿生产阶段，排土场边坡会逐渐堆积形成，地下水监测工作应进入常态化管理，监测方法应按本规范第 9 章有关规定执行。

（五）存在泥石流隐患的露天煤矿排土场工程的监测要求

规范 5.2.5 条规定，存在泥石流隐患的露天煤矿排土场边坡，应进行泥石流监测，泥石流分类可参照本规范附录 D.2 执行；监测方法应按现行行业标准《崩塌、滑坡、泥石流监测规范》(DZ/T 0221)有关规定执行。本条规定了存在泥石流隐患的露天煤矿排土场工程的监测要求。

泥石流的一般分类，可按下列内容进行：

① 依流域特征，可分为山坡型（坡面型）泥石流和河谷型（沟谷型）泥石流。

② 依地貌特征，可分为山区泥石流和准山前区泥石流。

③ 依物质特征，可分为泥流、泥石流、水石流。

④ 依流体的性质，可分为黏性泥石流、稀性泥石流：

a. 黏性泥石流：含大量黏性土，固体物质占 40%～60%，最高达 80%，黏性大。

b. 稀性泥石流：以水为主，固体物质占 10%～40%，黏性土少。

⑤ 依据泥石流特征、规模和破坏程度可分为以下三类：

Ⅰ类：流域内水土流失和岩石风化作用均很强烈；滑坡、崩塌发育，固体物质类型多、储量大、分布广；水源补给充分，汇水条件好；沟谷下切与侧蚀强烈，沟床纵坡大，布满大漂石和巨石；泥石流爆发频繁，且规模大，破坏力强。

Ⅱ类：介于Ⅰ、Ⅲ类之间。

Ⅲ类：流域内水土流失和风化作用轻微，个别地段有滑坡、崩塌现象，固体物质类型单一，储量小；汇水条件差；沟 床下切与侧蚀作用微弱，沟床纵坡接近一般山间河谷；泥石流爆发次数很少，且规模小，破坏作用微弱。

⑥ 依据泥石流的发育阶段可分为发展期、活动期、衰退期和间歇期。

⑦ 依据泥石流土石体积量与洪峰量规模划分见表 3-8-1、表 3-8-2。

表 3-8-1 按一次性堆积土石体积划分

名称	一次性堆积土石体积/m^3
特大型泥石流	$>100\times10^4$
大型泥石流	$100\times10^4\sim10\times10^4$
中型泥石流	$10\times10^4\sim1\times10^4$
小型泥石流	$<1\times10^4$

表 3-8-2 按洪峰量划分

名称	洪峰量/(m^3/s)
特大型泥石流	>200
大型泥石流	200～100
中型泥石流	100～50
小型泥石流	<50

三、露天煤矿排土场工程监测其他因素补充

（一）露天煤矿排土场边坡附近建筑物变形观测补充

规范 5.2.6 条规定，距离排土场边坡坡脚较近的重要建筑物应进行建筑物变形观测，具体要求应按现行行业标准《建筑变形测量规范》(JGJ 8)执行。

其中距离排土场边坡较近的重要建(构)筑物，一般是界定在距离排土场边坡坡脚 1.0～2.0 倍排土场边坡高度，且不小于 200 m 范围之内的建(构)筑物，建(构)筑物的重要程度应参照国家现行标准《建筑地基基础设计规范》(GB 50007)和《建筑变形测量规范》(JGJ 8)确定。

（二）露天煤矿排土场边坡工程的监测范围

规范 5.2.7 条规定，露天煤矿排土场边坡工程监测范围，应包括排土场排弃物堆积边坡、排土场边坡坡顶及坡脚影响区，应按本规范附录 C 第 C.0.2 条确定。边坡坡顶影响区宽度 L_1 不宜小于排土场边坡高度的 1.0 倍；边坡坡脚影响区宽度 L_2 不宜小于排土场边坡高度的 1.5 倍。

即露天煤矿排土场边坡工程监测范围，应包括排弃物堆积边坡、排土场边坡坡顶影响区宽度 L_1 及坡脚影响区宽度 L_2，见图 3-8-1。

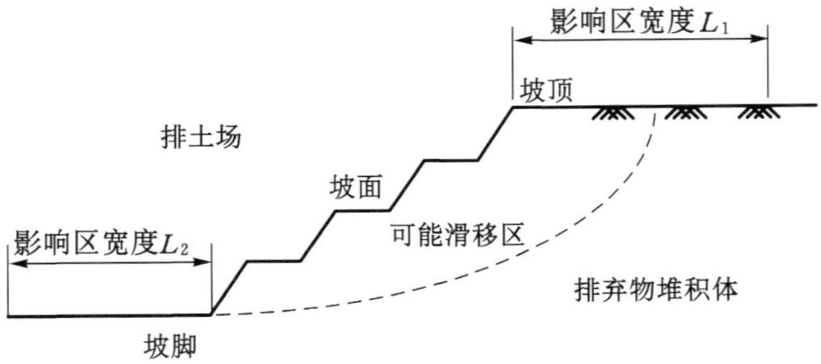

图 3-8-1　排土场边坡工程监测范围示意图

第九节　信息反馈与预警预报

一、一般规定

在露天煤矿开采生产中，随着开采生产的不断推进，边坡工程的变形等会随之发生变化，因此，规定各方应及时反馈监测信息，及时分析、研究、总结，对采场边坡与排土场边坡的稳定性做出预警预报。

规范 12.1.1 条、12.1.2 条也对此进行了规定：露天煤矿边坡工程监测，应及时反馈监测信息，以达到边坡工程维护与管理的动态化与信息化。露天煤矿边坡工程监测，应根据各有关工程监测信息的反馈结果，及时分析、研究、总结，对采场边坡与排土场边坡的稳定性做出预警预报。

二、信息反馈

露天煤矿的边坡工程监测，其目的是为安全生产与边坡工程的安全维护和管理提供信息反馈，因此，规定应及时将监测信息反馈给设计单位与生产单位，为露天煤矿的安全生产与边坡维护提供决策依据。

规范 12.2.1 条、12.2.2 条也对此进行了规定：露天煤矿边坡工程监测信息，应及时反馈给设计单位，对露天煤矿采场边坡角进一步优化。露天煤矿边坡工程监测信息，应及时反馈给生产单位，为露天煤矿的安全生产与边坡维护提供决策依据。

三、预警预报

露天煤矿边坡工程监测预警预报可划分为中长期预报、短期预报和临灾预报。

露天煤矿边坡工程监测预警预报应根据监测反馈信息分阶段提出，并应符合下列规定：

（1）中长期预报，应在月报、季报、年报中提出。

（2）短期和临灾预报，应做到随时出现随时提出，并以专报形式提交。

露天煤矿边坡安全预警预报应根据边坡体及影响范围内的地表水平位移与竖向位移、地下位移、地表裂缝和坡脚隆起的发展趋势等综合确定。安全预警预报应按照本规范附录J执行。

然而露天煤矿边坡工程目前还难以做到准确的安全预警预报，各矿山多根据边坡体及影响范围内的地表水平位移与竖向位移、地下位移、地表裂缝和坡脚隆起的发展趋势等综合确定。

各矿山应根据各自的实际条件积累经验，总结各自适用的预报预警数值，以便在实际生产中加以采用。在本规范编制过程中，收集了部分露天煤矿边坡失稳的预警数值，仅供参考。

（1）露天采场边坡

① 开采层同侧各边坡位移监测点平均同向（或近同向）水平位移量超过10 mm/d或平均下沉量超过10 mm/d时。

② 采场边坡周边原始地面平均下沉量超过$3\times10^{-3}H$（H为边坡高度）时。

③ 露天开采边坡周边原始地面局部下沉速度超过10 mm/d时。

④ 露天开采边坡周边原始地面最大总水平位移（即累积水平位移）超过$6\times10^{-3}H$时。

⑤ 露天开采边坡周边原始地面不均匀下沉量达到或超过$1.2\times10^{-3}H$时。

⑥ 岩基边坡最大裂缝宽度超过$7\times10^{-4}H$时。

⑦ 露天采场边坡周边原始地面裂缝宽度超过50 m时。

⑧ 工作帮边坡瞬间位移速度达到或超过5 mm/h时。

（2）排土场边坡

① 排土场边坡位移速度超过25～50 cm/d时。

② 露天排土场边坡坡顶地面裂缝宽度超过50 mm。

③ 露天排土场边坡坡脚地面出现与坡脚线近于平行的隆起并且发展变化较快。

四、立即预警预报的重要情况

规范12.3.4条规定，边坡工程发生下列情况之一时，必须立即预警，同时增加监测频率并调整监测方案：

（1）变形量或变形速率出现异常变化。

（2）变形量达到或超出预警值。

(3) 边坡影响范围内出现崩塌、滑坡迹象。

(4) 边坡影响范围或周边建(构)筑物及地表出现异常。

(5) 地震、暴雨、冻融等引起变形异常。

露天煤矿边坡工程的失稳,会直接危及有关人员的生命与国家财产的安全,同时也会影响到露天煤矿的正常生产,造成不应有的损失。露天煤矿边坡工程在发生失稳之前,往往会或多或少地出现事故预兆,因此就要求在边坡工程监测过程中,必须认真仔细地做好每一项监测工作,特别是要重视对由于种种特殊原因致使边坡工程出现失稳或接近失稳的异常现象与变化,及时进行预报预警,以确保人民生命与国家财产的安全,做到安全生产。本条规定对特殊情况应及时做出相应的预警反应,并应增加监测频率,及时调整监测方案。本条规定为强制性条文,必须严格执行。

第十节　露天煤矿边坡监测报告编制

一、一般规定

规范 14.1.1 规定,露天煤矿边坡工程监测,应按不同监测阶段与监测目的分别提出监测报告。

露天煤矿边坡工程监测工作应遵循一定的工作程序进行,监测工作主要是根据影响边坡稳定的一系列因素的变化由浅入深、由粗到细、分阶段逐步进行。在不同的监测阶段或者是由于监测目的、要求不同,所实施的监测工作内容与监测深度等存在一定的差别,各监测报告的编制内容与要求也不尽相同,因此规定要根据不同监测阶段与监测目的要求分别提出相应的监测报告

规范 14.1.2 条规定,露天煤矿边坡工程监测报告宜包括阶段性监测报告(可包括:月报、季报、年报等)、险情监测报告与专项监测报告等。

露天煤矿边坡工程监测是为保障采矿生产安全进行的。涉及影响边坡工程安全的因素都应该加以监测,特别是对边坡工程稳定性影响敏感的应力、变形、地下水位等因素是需要长期监测的项目,而有些监测项目如爆破振动、原始地应力等则不需要长期监测。因此,当露天煤矿边坡处于正常工作状态时,可根据不同时段提出监测报告,如月报、季报、年报等;当露天煤矿边坡处于短期预报与临灾预报状态时,应增加监测频率,视边坡稳定发展趋势随时提出险情预警监测报告;当需要针对某监测项目进行监测时,可针对该监测项目提出专项监测报告。

此外,规范 14.1.3 条规定,露天煤矿边坡工程监测报告,除形成纸质版报

告外，还应生成通用格式电子文档。

露天煤矿边坡工程监测报告，是露天煤矿开采生产、边坡工程维护与管理日常的基础性资料，同时也是属于永久性保存的资料，因此，应同时提供纸质版与电子版的文档。本条对电子文档的格式做出了明确的统一规定，以便于文件资料的共享。

二、监测报告的编制内容

规范 14.2.1 条规定，露天煤矿边坡工程监测报告编制内容应包括文字说明、附图、附表与影像资料等。

该条对露天煤矿边坡工程监测报告的具体编制内容组成做出了规定。监测报告一般要求是图文并茂，特别是露天煤矿边坡工程监测报告则更为复杂，内容要求更加丰富，文字、图表与影像资料三者都非常重要，特别是影像资料会更加直观地反映边坡变形的情况，并且具有动感效果。

（一）露天煤矿边坡工程监测报告文字说明

露天煤矿边坡工程监测报告文字说明应内容丰富全面、章节条理清晰、结构层次合理、重点描述突出、计算分析合规、结论意见可信、文字简洁顺畅，宜包括下列内容：

（1）工程概况。在叙述监测工作完成的概况时，应对监测工作的有关方面加以详细描述，主要包括：工作区域的交通、地理位置、监测工作量布置与实际完成情况、监测工作质量、测试方法、工作时间与参加人员情况等。

（2）监测依据。边坡工程监测，应视监测工程的具体问题和监测区域的工程地质条件而异。不同工程在同一监测阶段，由于工程地质条件不同，其工作内容与任务要求也不尽相同，因此在边坡工程监测报告中，必须阐明监测工作目的、任务要求与作为监测依据的有关标准。

（3）监测方案编制与实施。

（4）监测仪器设备叙述（包括仪器设备名称、性能、精度、校验等）。

（5）监测仪器设备安装埋设。

（6）监测基准点的埋设。

（7）工程地质条件。工程地质条件是制约露天煤矿边坡稳定性的关键因素，因此，必须对监测区域的工程地质条件有针对性地加以说明。特别是各岩组的工程性质、赋存条件、构造特征，影响边坡稳定的软弱结构层（面）的产状、性质和分布规律，以及可能影响边坡稳定的不良地质作用和其他因素等。

（8）水文地质条件。水文地质条件也是制约露天煤矿边坡稳定性的关键因素之一，因此，必须对监测区域的水文地质条件有针对性地加以说明。特别是地下水的赋存条件、地下水动力条件以及开采过程中地下水的疏干降水等。

(9) 边坡巡视和监测工作情况说明。

(10) 监测内容与监测结果。对于相应的监测内容在监测报告中应进行详细论述，并将相应的监测结果进行罗列。

(11) 综合计算与分析。

(12) 结论意见。

(13) 下阶段工作建议。

露天煤矿边坡工程监测主要是为开采生产、边坡工程的安全与维护服务的，因此，应针对影响露天煤矿边坡稳定的各种因素，尤其是间接因素的监测结果，进一步分析边坡的稳定发展趋势，提出改善边坡稳定性的建议与措施，以及所应采取的监测手段等。

(二) 露天煤矿边坡工程监测报告附图、附表资料

规范 14.2.3 条规定，露天煤矿边坡工程监测报告附图、附表资料数据来源应有据可查、真实可靠；图表清晰美观、结构构架合理；统一分类编号，宜包括下列内容：

(1) 露天煤矿矿区总平面图。

(2) 露天煤矿采场边坡设计图。

(3) 露天煤矿排土场边坡设计图。

(4) 露天煤矿矿区工程地质图。

(5) 露天煤矿矿区水文地质图。

(6) 被监测边坡剖面图。

(7) 变形监测控制网布设图。

(8) 变形监测监测网布设图。

(9) 位移矢量图(水平位移矢量图、垂直位移矢量图、水平与垂直位移迭加分析图)。

(10) 位移历时曲线图。

(11) 位移与深度关系曲线图。

(12) 地下水动态与时间关系曲线图。

(13) 地下水水位与疏干降水关系曲线图。

(14) 边坡出水流量与疏干降水关系曲线图。

(15) 爆破监测质点振动速度、加速度历时曲线。

(16) 边坡巡视记录表。

（17）地下水位监测记录表。

（18）各变形监测记录表。

（19）其他图表。

位移监测的时间间隔视滑坡移动的快慢而异，一般位移非常缓慢的滑坡，如一年移动几米，可一至两个月观测一次；移动较快，变形较大者，应每半个月到一个月观测一次。

露天煤矿边坡工程监测报告附图、附表可包括本规范该条文中所规定的图表（表 3-10-1），但不局限于这些要求，可根据工程实际情况加以调整，特别是当存在特殊类型的问题时，应补充专门监测的特殊图表。

表 3-10-1 ××滑坡位移观测记录例表

第____排 观____号 第____号　　　　记录整理__________ 复核__________

观测次数	观测日期年月日	间隔天数 Δt	平面位移变化量/mm												附注
			左行 $+X$	右行 $-X$	两次差 ΔX	平均速度 $\Delta X/\Delta t$	下行 $+Y$	上行 $-Y$	两次差 ΔY	平均速度 $\Delta Y/\Delta t$	高程 Z	两次差 ΔZ	累计差 $\sum \Delta Z$	平均速度 $\Delta Z/\Delta t$	

（三）露天煤矿边坡工程监测报告影像资料

规范 14.2.4 条规定，露天煤矿边坡工程监测报告影像资料来源应真实可靠、影像清晰、分别标明拍摄时间地点与方位等，宜包括下列内容：

（1）露天煤矿原始地形地貌的影像资料。

（2）排土场原始地形地貌的影像资料。

（3）边坡影响范围内出现裂缝的影像资料。

（4）边坡影响范围内出现隆起的影像资料。

（5）边坡巡视影像资料。

（6）露天煤矿建设与生产过程中，边坡形成的影像资料。

（7）排弃物堆积过程中，排土场边坡形成的影像资料。

（8）露天煤矿边坡发生滑坡前、后时的影像资料。

（9）其他影像资料。

本规范对露天煤矿边坡工程监测报告影像资料部分提出了具体要求。影像资料可更加真实、直观、动态地反映边坡工程的变形，往往是变形监测图表的进一步补充，同时也会起到图表所不能替代的作用。

第四章 《煤炭工业露天矿边坡工程设计标准》实施指南

第一节 总 则

一、本标准的制定目的

露天煤矿边坡工程的规范、合理设计，是保障煤矿的正常开采、长期安全运营的一项首要因素。然而，长期以来，针对露天煤矿边坡工程设计，一直缺乏一套统一且权威的技术标准指南，以为工程技术人员在边坡设计时提供参考基准，这给工程设计带来了很大的挑战。近年来，随着资源开发的不断完善和发展，所面临的露天煤矿边坡工程设计项目问题越来越多，规模也越来越大。因此，中煤科工集团沈阳设计研究院有限公司会同有关单位共同编制了《煤炭工业露天矿边坡工程设计标准》(GB 51289—2018)。制定本标准的目的如 1.0.1 条所规定"为规范露天煤矿边坡工程设计，贯彻执行国家有关的技术经济政策，做到技术先进、经济合理、安全生产、预防灾害、确保质量，制定本标准。"

具体地讲，1.0.1 条的规定表明：该标准的目的在于规范和统一煤炭工业露天矿边坡工程设计的标准和要求，以确保边坡的稳定性和安全性，减少事故发生的可能性，保障人员和设备的安全。为此，该标准包括边坡设计的基本原则、设计参数、设计方法、监测和评估等方面的内容，旨在提高边坡工程设计的水平和质量，促进煤炭工业的可持续发展。通过制定和实施该标准，我们可以确保边坡工程的设计符合国家和行业的标准和要求，从而提高边坡工程的质量和可靠性，降低事故发生的风险。同时，该标准还可以为工程设计人员提供参考和指导，帮助他们更好地进行边坡工程设计，提高设计水平和技术能力。

二、标准的适用范围

标准 1.0.2 条规定："本标准适用于新建、改建、扩建和生产的露天煤矿采掘场边坡，以及内、外排土场边坡工程设计。"可知，露天煤矿边坡工程设计是煤炭工业中非常重要的一项工作，其范围涉及新建、改建、扩建和生产的露天煤矿采掘场边坡，以及内、外排土场边坡工程设计。具体来说，这些边坡工程的设计包括以下几个方面：

（1）新建露天煤矿采掘场边坡的设计。在新建露天煤矿采掘场时，需要对边坡进行设计，以确保边坡的稳定性和安全性。这需要考虑到边坡的地质条件、坡度、高度、坡面形态等因素，以及采矿方式、采矿深度、采矿周期等因素。

（2）改建露天煤矿采掘场边坡的设计。在煤矿采掘过程中，可能会出现边坡失稳、坡面滑坡等问题，需要对边坡进行改建设计，以提高边坡的稳定性和安全性。改建设计需要考虑到原有边坡的地质条件、坡度、高度、坡面形态等因素，以及改建后的采矿方式、采矿深度、采矿周期等因素。

（3）扩建露天煤矿采掘场边坡的设计。在煤矿采掘过程中，可能需要对采掘场进行扩建，这就需要对边坡进行扩建设计。扩建设计需要考虑原有边坡的地质条件、坡度、高度、坡面形态等因素，以及扩建后的采矿方式、采矿深度、采矿周期等因素。

（4）生产中的露天煤矿采掘场边坡的设计。在煤矿生产过程中，需要对边坡进行监测和评估，以确保边坡的稳定性和安全性。如果发现边坡存在问题，需要对边坡进行修复或加固设计。

（5）内、外排土场边坡工程设计。在露天煤矿生产过程中，需要对土方进行处理，包括挖掘、运输、堆放等。这就需要对内、外排土场边坡进行设计，以确保边坡的稳定性和安全性。设计需要考虑到土方的性质、堆放方式、坡度、高度等因素。

三、边坡设计的一般要求

（一）边坡工程的总体原则

1. 核心原则

标准 1.0.3 条所规定的“露天煤矿边坡工程应进行边坡工程勘察和稳定性评价，确定最优边坡角，并提出边坡防治措施及监测方案。”指出了露天煤矿边坡工程是煤炭工业中非常重要的一项工作，其设计需要进行边坡工程勘察和稳定性评价，并揭示了露天煤矿边坡工程设计的核心原则，具体包含了以下三方面的内容：

（1）边坡工程勘察是指对边坡的地质条件、坡度、高度、坡面形态等因素进行详细的调查和研究，以了解边坡的基本情况。稳定性评价是指对边坡的稳定性进行分析和评估，以确定边坡的最优角度和稳定性指标。通过边坡工程勘察和稳定性评价，可以为边坡工程的设计提供科学依据，确保边坡的稳定性和安全性。

(2) 在进行边坡工程勘察和稳定性评价的基础上，需要确定最优边坡角。最优边坡角是指在保证边坡稳定的前提下，使边坡的开挖量最小的边坡角。确定最优边坡角需要考虑到边坡的地质条件、坡度、高度、坡面形态等因素，以及采矿方式、采矿深度、采矿周期等因素。

(3) 需要提出边坡防治措施及监测方案。边坡防治措施及监测方案是指对边坡进行加固和监测的方案。加固方案需要根据边坡的具体情况，采取不同的加固措施，如坡率法、回填压脚、锚杆、喷射混凝土等。监测方案需要对边坡进行定期的监测，以及对监测数据进行分析和评估，及时发现边坡存在的问题，及时采取措施进行修复或加固。通过边坡防治措施及监测方案的实施，可以保证边坡的稳定性和安全性，降低事故发生的风险。

2. 效益兼顾原则

标准 1.0.4 条规定："露天煤矿边坡工程设计应兼顾矿山安全及经济效益，并结合采矿设计进行。"这表明露天煤矿边坡工程设计应在制定采矿设计的同时，努力实现矿山安全、经济效益之间的兼顾。具体来说，边坡工程设计需要考虑以下几个方面：

(1) 需要兼顾矿山安全。边坡工程设计需要确保边坡的稳定性和安全性，防止边坡滑坡、坍塌等事故的发生。设计需要考虑边坡的地质条件、坡度、高度、坡面形态等因素，以制定合理的边坡设计方案。同时，还需要考虑边坡的监测和维护，及时发现边坡存在的问题，及时采取措施进行修复或加固。

(2) 需要兼顾经济效益。边坡工程设计需要考虑采矿的经济效益，以确保边坡的设计符合采矿的需要。设计需要考虑采矿方式、采矿深度、采矿周期等因素，以制定合理的边坡设计方案。同时，还需要考虑边坡的开挖量、加固成本等因素，以确保边坡的设计经济合理。

(3) 需要结合采矿设计进行。边坡工程设计需要与采矿设计相结合，以确保边坡的设计符合采矿的需要。设计需要考虑采矿方式、采矿深度、采矿周期等因素，以制定合理的边坡设计方案。同时，还需要考虑采矿过程中可能出现的问题，如采矿振动、采空区等因素，以制定合理的边坡设计方案。

综上所述，露天煤矿边坡工程设计应兼顾矿山安全及经济效益，并结合采矿设计进行，以确保边坡的设计符合国家和行业的标准和要求，从而提高边坡工程的质量和可靠性，降低事故发生的风险。

3. 动态设计及多方考虑原则

标准 1.0.5 条"露天煤矿边坡防治工程应坚持动态设计、信息化施工的原则，综合考虑边坡安全、采矿设计及经济性等因素，合理设计，精心施工。"指出了动态设计、信息化施工及综合考虑多方面因素的原则，这句话可以从以下几个方面进行理解：

(1) 需要坚持动态设计。动态设计是指在边坡防治工程设计和施工过程中，根据实际情况进行调整和优化，以确保边坡的稳定性和安全性。设计和施工过程中需要不断地进行监测和评估，及时发现边坡存在的问题，及时采取措施进行修复或加固。

(2) 需要信息化施工。信息化施工是指在边坡防治工程施工过程中，采用现代化的信息技术手段，如遥感技术、无人机技术、激光扫描技术等，对边坡进行监测和评估，以提高施工效率和质量。

(3) 需要综合考虑边坡安全、采矿设计及经济性等因素。边坡防治工程设计和施工需要考虑到边坡的地质条件、坡度、高度、坡面形态等因素，以制定合理的边坡设计方案。同时，还需要考虑到采矿方式、采矿深度、采矿周期等因素，以确保边坡的设计符合采矿的需要。设计和施工还需要考虑到边坡的开挖量、加固成本等因素，以确保边坡的设计经济合理。

(4) 需要合理设计，精心施工。边坡防治工程设计和施工需要精心组织和管理，确保施工质量和安全。设计和施工需要考虑到边坡的具体情况，采取不同的加固措施。

(二) 有关的技术标准问题

标准 1.0.6 条“露天煤矿边坡工程设计除应符合本标准外，尚应符合国家现行有关标准的规定。”指出了露天煤矿的边坡工程设计需要考虑国家和行业的标准和要求，以确保边坡的设计符合国家和行业的标准和要求，从而提高边坡工程的质量和可靠性，降低事故发生的风险。同时，边坡工程设计还需要考虑国家和行业的最新标准和要求，及时更新和调整设计方案，随着科技的不断发展和进步，边坡工程设计也需要不断地更新和改进。这些现行规范和标准包括但不限于以下部分：

(1)《混凝土结构设计规范》(GB 50010)。

(2)《工程岩体分级标准》(GB/T 50218)。

(3)《工程岩体试验方法标准》(GB/T 50266)。

(4)《建筑边坡工程技术规范》(GB 50330)。

(5)《露天煤矿岩土工程勘察规范》(GB 50778)。

(6)《煤炭工业露天矿边坡工程监测规范》(GB 51214)。

(7)《中国地震动参数区划图》(GB 18306)。

(8)《煤炭工业露天矿设计规范》(GB 50197)。

上述技术标准大多在本标准中已经引用，有些本标准虽未引用，但进行设计时有可能使用。

第二节　露天煤矿边坡设计定义类术语

一、相关术语选定原则

术语选定的基本原则和要求如下：

（1）具有特定含义。

（2）国内其他行业标准有相似的术语，应优先采用。

（3）尽量与国际术语相一致，以利于技术交流。

（4）在定义和概念基本正确、清晰，又不会被人误解的前提下，行业内约定俗成的习惯说法，尚未纳入标准的。

（5）当一种术语有多种相似说法时，通过征求意见确定。

该部分共列出了 6 条露天煤矿边坡设计定义类术语，下面对其逐一展开说明。

二、设计定义类术语

（一）信息化施工(informative construction)

标准 2.1.1 条规定，信息化施工是指根据边坡现场的地质情况和监测数据，对已有地质资料、设计参数进行验证，对边坡安全性进行判断并及时修正边坡治理措施或采矿方案。对于信息化施工在露天煤矿边坡工程中的具体实施，可以从以下几个方面进行理解：

（1）信息化施工需要根据边坡现场的地质情况和监测数据进行验证。边坡现场的地质情况和监测数据是信息化施工的重要依据，可以帮助设计人员更加准确地了解边坡的情况，从而制定更加合理的边坡治理措施或采矿方案。

（2）信息化施工需要对已有地质资料、设计参数进行验证。已有地质资料和设计参数是边坡工程设计的重要依据，需要进行验证以确保其准确性和可靠性。通过信息化施工，可以对已有地质资料和设计参数进行验证，及时发现存在的问题，并采取措施进行修正。

（3）信息化施工需要对边坡安全性进行判断。边坡安全性是边坡工程设计的重要指标，需要进行判断以确保边坡的稳定性和安全性。通过信息化施工，可以对边坡的安全性进行判断，及时发现存在的问题，并采取措施进行修正。

(4) 信息化施工需要及时修正边坡治理措施或采矿方案。通过信息化施工,可以及时发现边坡存在的问题,及时采取措施进行修正。这些措施可能包括修正边坡治理措施或采矿方案,以确保边坡的稳定性和安全性。例如,如果边坡监测数据显示边坡存在滑坡的风险,设计人员可以及时修正边坡治理措施或采矿方案,以减少滑坡的风险。

(二) 动态设计(dynamic design)

标准 2.1.2 条规定,动态设计是指根据边坡信息化施工的反馈信息,对边坡稳定验算进行复核修正、补充原设计的设计方法。对动态设计,,可以从以下几个方面进行理解:

(1) 露天煤矿边坡工程的动态设计是基于"边坡信息化施工的反馈信息"之上的,即动态设计首先需要根据边坡信息化施工的反馈信息进行验算。边坡信息化施工的反馈信息是动态设计的重要依据,可以帮助设计人员更加准确地了解边坡的情况,从而进行边坡稳定性验算。

(2) 动态设计需要对"边坡稳定验算"进行复核修正。边坡稳定验算是边坡工程设计的重要环节,需要进行复核修正以确保其准确性和可靠性。通过动态设计,可以对边坡稳定验算进行复核修正,及时发现存在的问题,并采取措施进行修正。

(3) 动态设计需要"补充原设计的设计方法"。原设计的设计方法是边坡工程设计的重要依据,需要进行补充以确保其完整性和可靠性。通过动态设计,可以对原设计的设计方法进行补充,及时发现存在的问题,并采取措施进行修正。

(4) 动态设计需要根据边坡的实际情况进行调整和优化。边坡的实际情况是动态设计的重要依据,需要根据实际情况进行调整和优化,以确保边坡的稳定性和安全性。例如,如果边坡监测数据显示边坡存在滑坡的风险,设计人员可以根据实际情况进行调整和优化,以减少滑坡的风险。

(三) 锚杆(索)[bolt (anchor cable)]

标准中的"锚杆"包含常称的锚杆和锚索,而一般的设计报告、论文等习惯上将二者区分开。其中,由钢筋作为杆体材料的称锚杆,由钢绞线或高强钢丝作为杆体材料的称锚索。Evert Hoek 在他的著作 *Practical Rock Engineering*(《岩石工程实践》)中也将二者区分开,锚杆为 dowels,锚索为 cables。但是,国内的标准一般不做上述名称区分。《岩土锚杆(索)技术规程》(CECS 22—2005)中,锚杆(索)并存,但术语"锚杆"的定义也包含"锚索",其"锚杆"的定义为:"将拉力传递到稳定的岩层或土体的锚固体系。它通常包括杆体(由钢绞线、钢筋、特制钢管等筋材组成)、注浆体、锚具、套管和可能使用的连接器。当采用钢绞线或高强钢丝束做杆体材料时，可称锚索。”《水工预应力锚固技术规范》(SL/T 212—2020)也有类似的规定。根据这种情况，本标准也未进行区分，统称为“锚杆”，2.1.3 条规定，锚杆(索)是指将拉力传至稳定岩土层的构件(系统)。当采用钢绞线或高强度钢丝束并施加一定的预应力时，称为锚索。

(四) 工程地质分区(engineering geological zoning)

标准 2.1.4 条规定，工程地质分区是指根据场地岩性、构造、工程地质和水文地质等主要因素基本相同或一致的原则划分的区段。表明工程地质分区是指将工程地质区域按照一定的原则进行划分，以便进行工程地质调查和设计。工程地质分区是工程地质调查和设计的基础，可以帮助设计人员更加准确地了解场地的地质情况，从而制定更加合理的工程地质设计方案。

除此之外，工程地质分区是根据场地岩性、构造、工程地质和水文地质等主要因素进行划分的。场地岩性、构造、工程地质和水文地质等因素是工程地质分区的主要依据，需要进行综合考虑。例如，在煤炭开采中，工程地质分区可以根据煤层的厚度、倾角、走向等因素进行划分，以便进行煤层开采的设计和规划。

工程地质分区需要保证划分的区段主要因素基本相同或一致，以确保划分的区段具有较高的可比性和可靠性。例如，在隧道工程中，工程地质分区可以根据隧道的地质条件、地形、地貌等因素进行划分，以确保划分的区段具有较高的可比性和可靠性。

总的来讲，工程地质分区需要根据实际情况进行调整和优化，以确保划分的区段符合实际情况。例如，在地铁工程中，工程地质分区可以根据地铁线路的走向、地质条件、地形等因素进行划分，但在实际施工过程中，可能需要根据实际情况进行调整和优化，以确保施工的顺利进行。

(五) 边坡稳定系数(slope stability factor)

针对边坡稳定系数的定义，其他相关边坡规范描述的共同点在于边坡稳定系数是沿着假定的滑裂面的抗滑力与滑动力的比值，并将其作为表征边坡稳定程度的重要指标。在本设计标准中也不例外，2.1.5 条规定，边坡稳定系数是指沿(假定)滑裂面的抗滑力与滑动力的比值，是表征边坡稳定程度的重要指标。从理论计算角度，当该比值大于 1 时，边坡稳定；等于 1 时，边坡处于极限平衡状态；小于 1 时，边坡即发生破坏。该规定指出，边坡稳定系数是边坡工程设计和施工的重要指标之一，可以帮助设计人员和施工人员了解边坡的稳定程度，从而采取相应的措施进行加固和治理。

此外，“边坡稳定系数是沿着假定的滑裂面的抗滑力与滑动力的比值”。边坡稳定系数是根据边坡的地质条件、坡度、高度、坡面形态等因素计算得出的，可以帮助设计人员和施工人员了解边坡的稳定性。

（六）边坡设计稳定系数(designed slope stability factor)

需要区别的是，边坡设计稳定系数并不完全等同于边坡稳定系数，前者面向边坡设计，而后者是对边坡稳定性的基本描述，是前者能够计算得出的设计基础。边坡设计稳定系数是边坡工程设计的重要指标之一，可以帮助设计人员制定合理的边坡设计方案。标准 2.1.6 条规定，边坡设计稳定系数是指为使边坡达到预期的安全程度需要的边坡允许最低安全系数。

该规定指出，边坡设计稳定系数是为了使边坡达到预期的安全程度所需要的。边坡设计稳定系数是根据边坡的地质条件、坡度、高度、坡面形态等因素计算得出的，可以帮助设计人员了解边坡的稳定程度，从而制定相应的边坡设计方案。边坡设计稳定系数是边坡允许最低安全系数。如果边坡设计稳定系数低于一定的要求，就可能会导致边坡的不稳定和安全事故的发生。

同时，边坡设计稳定系数需要根据实际情况进行调整和优化，以确保边坡的稳定性和安全性。例如，在边坡工程设计中，如果边坡的地质条件、水文条件、边坡尺寸、坡面形态等因素发生变化，保障其边坡稳定所允许的最低安全系数就会随之改变，同理需要根据实际情况对设计内容进行调整和优化，以确保边坡的稳定性和安全性。

针对露天煤矿中不同边坡类型的边坡设计稳定安全系数 F_{st}取值，本标准中 3.0.8 条给出了详细取值或范围，参见表 4-2-1。相应参数的制定主要从服务年限、边坡重要性及工作性质出发进行考量。此外，针对露天煤矿场地中与采掘场、排土场关系不大的边坡类型，标准 3.0.9 条建议宜按现行国家标准《建筑边坡工程技术规范》(GB 50330)执行。

表 4-2-1 边坡设计稳定安全系数 F_{st}

边坡类型	服务年限/a	稳定系数
边坡上部有特别严重建筑物或边坡滑落会造成生命财产重大损失者	＞20	≥1.50
采掘场最终边坡	＞20	1.30～1.50
非工作帮边坡	＜10	1.10～1.20
	10～20	1.20～1.30
	＞20	1.30～1.50

表 4-2-1(续)

边坡类型	服务年限/a	稳定系数
工作帮边坡	临时	1.05～1.20
外排土场边坡	>20	1.20～1.50
内排土场边坡	≤10	1.20
	>10	1.30

注:边坡设计稳定系数宜根据露天煤矿边坡危害等级划分,根据综合评定结果取大值、中值或小值。

第三节　边坡工程设计基本原则

一、一般规定

本标准中,针对边坡工程设计基本原则的一般规定包括设计一般规定和环境因素规定两部分。其中6.1.1条和6.1.2条为设计一般规定,该部分主要围绕采掘场边坡设计展开,6.1.3～6.1.6条为环境因素规定,该部分则重点针对采掘(排土)场周边存在的水因素、境界内重要建(构)筑物展开。

标准6.1.1条规定,采掘场边坡设计应以整体稳定性评价为基础,根据工程地质和水文地质条件确定最优边坡轮廓。工程地质条件复杂,有不利于边坡稳定的岩体结构、构造、软弱夹层等因素时,尚应进行专门的边坡工程地质勘察及岩土物理力学试验。该条规定表明了如下几点原则:

(1) 采掘场边坡的设计应该以整体的稳定性评价为基础,也就是说,采掘场边坡设计需要从宏观上考虑整个边坡的稳定性问题,而不是单纯地对某一个部位进行设计。这可以避免出现一个部位稳定而另一个部位失稳的情况。

(2) 在确定采掘场边坡设计轮廓时应充分考虑当地的工程地质和水文地质条件,并选择最适合的边坡轮廓。例如,在地质条件复杂的地区,可能需要进行更加详细的岩土工程勘察,以便更好地了解当地的地质情况,从而制定出更为科学合理的设计方案。

(3) 在处理较为复杂的工程地质条件时,需要针对当地的岩体结构、构造、软弱夹层等因素进行详细的勘察,并采取合适的技术手段进行岩土物理力学试验,以便更好地了解当地的地质情况,指导设计方案制定。

(4) 在边坡设计中,需要考虑各种可能出现的不稳定因素,并及时采取相应的预防措施。例如,如果发现岩体结构性较差,容易发生崩塌或滑坡等情况,可以采取加固措施,如削坡卸载、钢筋混凝土桩、喷锚支护等来增强边坡的稳定性。

标准 6.1.2 条规定，采掘场边坡设计应确定采掘场最终边坡角及其与稳定系数 F_s 之间的曲线。必要时，应根据岩层的岩性、赋存条件、地质构造、边坡外形轮廓，验算不同深度、不同部位边坡稳定性。该条规定主要讲述了采掘场边坡设计的具体操作方法。对于该条款的理解可以从以下角度展开：

（1）边坡的稳定性与其边坡角和稳定系数 F_s 有关，因此在采掘场边坡设计过程中，需要确定采掘场最终边坡角及其与稳定系数 F_s 之间的曲线，这可以通过岩土力学理论推算得出。

（2）不同岩层的特性不同，矿山内部也可能存在不同类型的地质构造，这些因素都可能影响边坡的稳定性，在进行采掘场边坡设计时，必须根据岩层的岩性、赋存条件、地质构造、边坡外形轮廓等进行验算。如果某个部位的岩层较软，那么应该适当调整边坡角度或者增加支护措施，以保证边坡的稳定性。相反，如果某个部位的岩层强度较高，那么边坡角度可以相应调小。

（3）岩层的物理力学性质是影响边坡稳定性的重要因素，因此在采掘场边坡设计中，需要根据不同的岩层特性，制定出合理的验算方案。例如，对于容易塌方的松散岩层，就需要进行更为详细的勘察，并且应该增加一些支护措施，在对边坡稳定性进行验算时，需要优先考虑这些措施的作用。

（4）不同部位的边坡有着不同的形态和特点，因此在对边坡稳定性进行验算时，必须根据边坡外形轮廓进行针对性的工作。例如，对于弯曲的边坡，应该采用 3D 建模技术（如 FLAC^{3D}）进行边坡稳定性分析，而对于不规则形状的边坡，则需要采用更为详细的勘察手段，在实践中，根据实际情况可以采用多种方法相结合，从而制定出更加科学合理的边坡设计方案。

标准 6.1.3 条和 6.1.4 条分别针对地下水、地表水进行了单独规定。标准 6.1.3 条规定，采掘场和排土场边坡存在地下水影响时，应对地下水进行分析，并根据分析结果采取相应的控制措施。在采掘场和排土场周围，由于采矿活动或者地形地貌变化的影响，会对周围的地下水流动产生一定的影响。在这种情况下，针对采掘场和排土场的边坡设计，需要进行地下水影响分析，并根据分析结果采取相应的控制措施。具体来说，需要考虑以下几个方面：

（1）进行地下水勘察：在进行采掘场和排土场的边坡设计之前，需要先进行地下水勘察，确定地下水的数量、流动速度等参数，并尽可能确定地下水的流动方向和流动强度。这是进行地下水影响分析和制定对策的基础。

（2）进行地下水影响分析：根据地下水勘察的结果，可以对地下水的影响进行分析，包括地下水压力对承载能力的影响、地下水渗流对土层稳定性的影响等。这些分析结果有助于评估边坡设计的稳定性和制定相应的控制措施。

(3) 采取相应的控制措施：根据地下水影响分析的结果，需要针对不同的影响因素采取相应的控制措施。例如，在地下水影响比较大的区域，需要采取加强支护、封闭排水等措施来保障边坡的稳定性；而在地下水影响较小的区域，可以适当减少控制措施的强度，以充分利用可用的资源和降低成本。

而针对采掘场周边存在地表水的情况，标准 6.1.4 条则规定："采掘场附近有河流经过时，应分析河流对边坡的影响。"

标准 6.1.5 条、6.1.6 条都是针对露天煤矿边坡治理领域的建(构)筑物安全距离的规定。

标准 6.1.5 条规定："境界内重要建(构)筑物与采掘场地表境界的安全距离必须经采掘场边坡稳定验算后确定。当开采深度小于 200 m 时，安全距离不宜小于最大开采深度；当开采深度大于 200 m 时，安全距离不宜小于 200 m。"

标准 6.1.6 条规定："境界内重要建(构)筑物与排土场境界的安全距离宜大于排土场边坡高度的 1.5 倍。必要时，安全距离必须经排土场边坡稳定验算确定。"

它们之间的关系是，前者规定了与采掘场地表境界建(构)筑物的安全距离，后者则规定了与排土场边坡建(构)筑物的安全距离，并且后者提到了必要时需要进行排土场边坡稳定验算。

在矿山开采过程中，为了保障受力结构的稳定性、避免发生较大的地质灾害事故，需要合理确定建(构)筑物与采掘场边坡、排土场边坡的安全距离。对于采掘场边坡附近的重要建(构)筑物，如生产楼房、办公楼等，在保证采掘场边坡稳定性的前提下，需要确定安全距离。当采掘深度小于 200 m 时，建(构)筑物应该远离采掘场边坡，且安全距离应不小于最大开采深度；而当采掘深度大于 200 m 时，因为深部边坡抗剪强度相对较高，建(构)筑物距离采掘场边坡的安全距离可以适当减小到不小于 200 m。该规定主要是考虑深部开采时受力结构的变化，虽然深部边坡抗剪强度相对较高，但是依旧存在较大的地质灾害风险，所以仍需谨慎处理。

对于排土场边坡附近的建(构)筑物，由于排土场边坡在开挖过程中会占据较大的空间，因此需要与其附近的建(构)筑物保持安全的距离。通常情况下，建(构)筑物应远离排土场边坡，且安全距离应不小于排土场边坡高度的 1.5 倍。如果实际情况需要缩短安全距离，就需要进行排土场边坡稳定验算确定。验算结果符合相关标准并得到相关部门同意后方可进行后续施工。

二、边坡工程设计原则

标准 6.2.1 条规定："在进行边坡设计之前，应根据边坡高度、地质条件、露天煤矿生产规模及危害程度等条件确定边坡类型和安全级别，以此确定设计标准。”强调了设计露天煤矿边坡时需要考虑的因素以及设计时的基本思路，主要包括边坡高度、地质条件、生产规模与安全级别等，只有充分考虑各种因素才能有效保障边坡结构的稳定性和安全性。对于这段话的理解应当从以下三个方面进行考虑：

(1)“边坡高度”是决定边坡类型与设计标准的关键因素之一。针对不同高度范围内的边坡，需要采用不同的边坡类型以满足不同的工程需求。例如，可以选择中高边坡或者高边坡等不同类型来应对不同高度下的工程需求。

(2)“地质条件”也是一个非常重要的因素，其中强度参数、断裂分布、岩层赋存情况、水文地质条件等都会对边坡的设计产生影响。因此，在进行边坡设计之前，必须对地质条件进行详细的勘探和分析，了解各项指标后再确定边坡类型并制定标准。

(3)“露天煤矿生产规模与危害程度”也是影响边坡类型和安全级别的重要因素。如果煤矿规模越大，采取的边坡类型和设计标准也就需要更高，以保证生产过程中的安全与稳定。

综合考虑以上因素，可以根据实际情况确定边坡类型和安全级别，并依照相关安全规范进行边坡设计，达到确保露天煤矿边坡结构在工程使用过程中稳定可靠的目的。特别地，采掘场、排土场的边坡工程安全等级划分在本标准中分别参照表 4-3-1、表 4-3-2。不难看出，在确定采掘(排土)场的边坡工程安全等级时，边坡高度作为首要因素发挥了显著影响，其次根据采掘场边坡和排土场边坡各自的工程特点(地质条件影响明显)，采掘场边坡地质条件复杂程度、排土场基底地质条件复杂程度作为安全等级划分的重要因素。

表 4-3-1 采掘场边坡工程安全等级划分

采掘场边坡工程安全等级	边坡高度 H/m	采掘场边坡地质条件复杂程度
一级	$H>300$	简单～复杂
	$300\geqslant H>100$	复杂
二级	$300\geqslant H>100$	中等复杂
	$H\leqslant 100$	复杂
三级	$300\geqslant H>100$	简单～复杂
	$H\leqslant 100$	简单～中等复杂

注：1. 边坡高度应按现行国家标准《露天煤矿岩土工程勘察规范》(GB 50778)的有关规定划分。

2. 地质条件复杂程度应按现行国家标准《煤炭工业露天矿边坡工程监测规范》(GB 51214)的有关规定确定。

表 4-3-2　排土场边坡工程安全等级划分

排土场边坡工程安全等级	边坡高度 H/m	排土场基底地质条件复杂程度
一级	$H>100$	简单～复杂
	$100\geqslant H>50$	复杂
二级	$100\geqslant H>50$	中等复杂
	$H\leqslant 50$	复杂
三级	$100\geqslant H>50$	简单
	$H\leqslant 50$	简单～中等复杂

注：排土场基底地质条件复杂程度应按现行国家标准《煤炭工业露天矿边坡工程监测规范》（GB 51214）的有关规定确定。

标准 6.2.2 条规定："边坡工程设计应在保证边坡稳定的基础上，达到最大的经济效益，使其达到安全合理、经济可靠、技术先进。"本条是在"效益兼顾"原则的基础上，提出的在设计露天煤矿边坡工程时需要考虑的几个方面。首先，在保证边坡稳定的前提下，需要达到最大的经济效益，这意味着尽量降低工程投入成本，提高施工效率，同时确保其他方面的质量要求得到满足，从而获得最大的经济利益。例如，在边坡选址、边坡类型、抗滑稳定系数确定、防护措施等各方面都应根据经济效益相对优先的规划来对待。

为了确保工程能够长期运营并达到更好的效益，边坡工程必须具有安全合理和经济可靠的品质。边坡的设计应当遵循相关国家标准或行业规范，针对不同的地质状况、坡度、边坡高度和使用环境等，采用相应的防灾减灾模式，并结合洪水、地震等自然环境因素制定防范措施，使得边坡在使用过程中稳定可靠，经济效益也更有保障。

技术先进是边坡工程设计中一个不可忽略的方面。利用先进的计算机辅助设计软件对边坡进行建模与分析，通过数据求解，可以做到较为精准地预测边坡变形及破坏情况，同时也能有效改进边坡设计和施工方式，保障边坡结构技术先进性。

标准 6.2.3 条规定了在进行边坡设计时应当遵循"动态设计"原则，即"边坡工程设计应结合采矿设计，要遵循'动态设计'的设计思想，充分结合最新地质资料及现场实际条件进行设计，并在生产中进行动态跟踪。"对于本条规定应该从以下三个方面来理解：

（1）在进行边坡工程设计时，需要"结合采矿设计"。因为露天煤矿边坡的设计必须与矿山生产过程保持一致，并考虑其对矿山生产的影响。具体而言，边坡设计需要根据矿区的开采布置、采矿工艺和风险评估等情况进行综合分析，并尽可能考虑到其他矿山设施在内的全局规划。

（2）边坡设计需要遵循“动态设计”的设计思想。也就是说，在采用静态设计的基础上，还需要充分考虑现场实际条件。在边坡设计时，通过对目标形态、质量特性、安全性要求进行预测分析，结合地质勘探、监测数据等多种信息资源去判断最终形态参数。在这一过程中，需要根据实际勘察、监测数据和生产情况对工程进行动态调整和完善，形成一个可以适应复杂地质情况的边坡稳定体系。

（3）在完成边坡设计之后，还需要进行动态跟踪。通过现场监测系统等技术手段，及时发现边坡变形、位移以及其他异常情况，并及时采取相应的预警与控制措施以适应新的生产条件。

标准 6.2.5 条也指出“边坡工程设计应有相应的边坡防治及边坡监测措施。”露天煤矿边坡设计需要结合采矿实际情况，遵循“动态设计”理念，并与生产情况保持密切联动和互动。只有在专业性与实用性的双重要求下对边坡进行全面考虑，才能培养出具有实战经验的专业人员，实现从“知识”到“应用”的转化。

标准 6.2.4 条规定：“当需要时，边坡工程设计应考虑疏干排水，采取地表排水、地下疏干措施。”在露天煤矿边坡工程中，由于雨水、降雪和地下水的作用，可能会使土体产生饱和导致病态变化，进而影响边坡的稳定性。因此，在进行边坡工程设计时，需要充分考虑疏干排水措施，以降低水压力对边坡造成的危害，避免或减少土质流动发生。具体来说，可以采取以下一些地表排水和地下水疏干措施：

（1）地表排水：包括设置排水沟、渠道、泄洪道等，将集中在边坡上的雨水及地表积水排到最终排水点，以减少机械渗漏和降低水头压力（如图 4-3-1 所示为平庄西露天矿南翼积水现场示意图）。

(a) 西侧

(b) 东侧

图 4-3-1 平庄西露天矿南翼积水

(2) 地下水疏干:通常采用采空区、钻孔和地下隧洞等方式,通过采取改善原有岩层和煤里面的水分、灰分,龙门环带注水等抗渗措施,以提高地层抗水性和减小水的入侵对边坡稳定性的影响,还可以通过水泥注浆法、破碎回填法构建圆形井体结构,以保证抽排水的通畅。

同时值得注意的是,采用这些排水与疏干方案需要从实际情况出发,综合考虑多种因素,来确保边坡工程的安全、稳定和可靠性。

除了以上主要针对设计相关的技术考量外,标准 6.2.6 条也指出了应从经济、安全等因素考量边坡治理方案,即"对需要治理的边坡,应结合采矿设计及边坡稳定分析进行方案比较。选择安全可靠、经济合理的治理方案。"同时,标准 6.2.7 条也提出了对于各地区的环境政策应进行单独考虑,即"边坡治理设计应符合国家和地方环境保护要求。"

第四节 边坡稳定性评价

露天煤矿边坡稳定性评价与其他类型边坡的稳定性评价相同,在进行相关评价和计算之前,需要进行相关勘察、监测工作,关于该部分的要求,标准 5.1.1 条规定:"边坡稳定性评价应根据勘察阶段确定,评价精度应与勘察阶段相适应。应在定性分析、定量计算基础上,结合监测结果综合评价,并提出有针对性的工程措施建议。"关于这一部分的详细理解,可以参考以下四个方面:

(1) "边坡稳定性评价应该根据勘察阶段来确定"这意味着在不同的勘察阶段,评价所需的数据和信息也会有所不同。例如,在初步勘察阶段,可能只需要对地质地形进行初步认知,而在详细勘察阶段,则需要更为精细的勘察数据和分析结果。

(2) "评价的精度应与勘察阶段相适应"是因为在不同的勘察阶段,可用的数据和信息的精度和可靠性也会有所不同。因此,在进行评价时,应尽可能使用最为准确和可靠的数据和信息。

(3) "综合考虑定性分析、定量计算以及监测结果"这意味着评价过程需要结合实地监测数据,同时应采用不同的分析方法,以确保评价结果的准确性和可靠性。例如,可以通过现场观察、岩土试验、数值模拟等手段进行边坡稳定性分析。

(4) 在评价基础上,需要"提出有针对性的工程措施建议"。例如,如果评价发现边坡存在稳定性问题,那么可以考虑采取降低边坡倾角或者增加支护措施等方案,以确保工程安全顺利进行。

一、边坡分区

在进行边坡稳定性评价时，应该根据地质条件和工程情况将研究区域划分为若干个不同的地质分区，每个分区都具备一定的特征和稳定性要求。例如，相对于岩石而言，黏土等软土体更容易发生滑坡和泥石流等灾害，因此在进行边坡稳定性评价时，需要根据地质分区的不同，采用不同的评价方法和稳定性指标。标准 5.1.2 条强制规定了需按照工程地质分区开展边坡稳定性评价，条文内容如下："边坡稳定性评价应按工程地质分区进行，应以整体稳定性评价为基础对各边坡分段做出整体稳定性评价和局部稳定性评价。采掘场边坡稳定性评价时，应对覆盖土体和岩体边坡稳定性分别评价。"

在边坡分区的基础上，进行边坡稳定性评价时，需要先对整个区域的稳定性进行整体评价，这包括各种影响边坡稳定性的因素，例如地形、水文地质条件、地震状况、人类活动等等。然后再对各个边坡分段进行局部稳定性评价，以确定每个边坡分段的安全系数和稳定性情况，从而采取相应的措施来保障整个工程的安全。此外，特别针对采掘场边坡的稳定性评价，由于覆盖土体和岩体的物理力学特性通常有明显差异，因此需要分别对其进行评价。这样可以更准确地确定两者的稳定性情况，从而采取相应的加固措施。这也从侧面凸显了工程地质分区的重要性。

二、稳定性计算

（一）综合说明

在进行边坡稳定性分析时，常用的计算方法为极限平衡法。这种方法是根据岩土体在重力作用下的力学条件，通过静力平衡方程式推导出土块或岩石产生滑移或倾覆的极限状态，并且根据极限状态设计防护结构。而边坡稳定性通常使用稳定系数描述，它是指边坡抵御外力破坏的能力与外力对边坡产生破坏作用的能力之间的比值。因此，稳定系数越高，代表边坡越稳定。此外，土体和岩体边坡的稳定性分析方法有所不同。土体边坡通常采用强度理论计算，而岩体边坡则需要考虑非弹性变形影响等因素。破坏类型和破坏模式的不同可能导致稳定性分析方法的差异。由于露天矿边坡指的是非常大的开放式采矿场地中的斜坡区域，这些斜坡经常受到自然因素（如重力、地震等）和人为因素（如挖掘过程中的震动、水压力等）的影响。在这种条件下，边坡稳定性成为极其关键的问题，需要评估风险并采取预防措施以确保安全和生产效率。因此，对于一级安全等级的边坡，需要进行详细的应力场、变形场分析和渗流分析，以确定边坡的稳定性。数值分析法和边坡稳定分析法是两种用于分析边坡稳定性的常用方法。数值分析法使用计算机模拟技术对边坡的应力、变形和渗流等特征进行建模，以提供对边坡稳定性更全面、准确的评估。在此基础上，标准 5.1.3 条规定："边坡稳定计算应以极限平衡法为主、边坡稳定系数为评价指标。土体和岩体边坡稳定性分析应根据破坏类型和破坏模式进行分析计算。对安全等级为一级的边坡，宜采用数值分析法和边坡稳定分析法进行边坡的应力场、变形场分析和渗流分析。边坡稳定计算方法应按本标准附录 B 执行。"

附录 B 中分别介绍了圆弧滑动法、平面滑动法、折线滑动法、简化毕肖普法、不平衡推力传递法、萨尔玛法及楔形体法七类计算边坡稳定安全系数(抗滑稳定安全系数)的具体公式。根据标准 5.2.7 条中针对不同边坡类型可选择适宜的边坡稳定性计算方法，将其相应的文字要求总结如表 4-4-1 所示。从表中不难看出边坡体内含的软弱结构面、土岩分界面等作为潜在滑动面，在进行计算方法选择时应当慎重考虑。

表 4-4-1　边坡稳定计算方法选择

边坡类型	计算方法	滑动面选择
均质土体或较大规模破裂结构岩体边坡	圆弧滑动	当存在对边坡稳定性不利的软弱结构面时，宜采用以软弱结构面为滑动面
较厚的层状土体边坡	平面滑动或折线滑动法	含水量较大的软弱层面或土岩结合面
可能产生平面滑动的边坡	平面滑动法	
可能产生折线滑动的边坡	折线滑动法	
单面、双面及脱离岩体运动的边坡	楔形体法等	

（二）平面滑动法

标准附录 B.0.2 中介绍了平面滑动法，下面分为土质与岩质边坡进行阐述。

1. 土质边坡

对于滑动面为直线的边坡，一般采用静力平衡法分析计算边坡的稳定性。从坡面上取一小块土体来分析稳定性，设单元体的重量为 W，沿着坡面的分量为下滑力 $T=W\sin\alpha$，根据莫尔-库仑强度理论，坡面的抗剪强度 $\tau_f=\sigma\tan\varphi+c$ 为剪切破坏面上的法向应力，垂直于坡面的法向应力 $\sigma=N=W\cos\alpha$，法向应力产生摩擦阻力，由于砂土黏聚力为 0，无黏性土坡的摩擦阻力全部由法向应力产生，称为抗滑力，其值为 $R=N\tan\varphi=W\cos\alpha\tan\varphi$，边坡滑动失稳主要是由于土体中的剪应力大于土体的抗剪强度，使土体平衡遭到破坏，根据滑动面上的静力极限平衡条件可得到稳定性系数为：

$$F_s=\frac{R}{T}=\frac{W\cos\alpha\tan\varphi}{W\sin\alpha}=\frac{\tan\varphi}{\tan\alpha} \tag{4-4-1}$$

由此可见，无黏性土坡的稳定性与坡高无关。

当形成渗流时，如果浸润线在下游坡面溢出，下游坡面受到渗流力的作用，会降低下游边坡的稳定性。设渗流溢出处水流的方向与水平面的夹角为 θ，沿水流方向的渗流力 $j=\gamma_w i$，取渗流溢出处以下坡面单元体分析，其有效自重为 $W=\gamma' V$，作用在单元体上的渗流力 $J=jV=\gamma_w iV$。平面滑动渗流计算如图 4-4-1 所示。

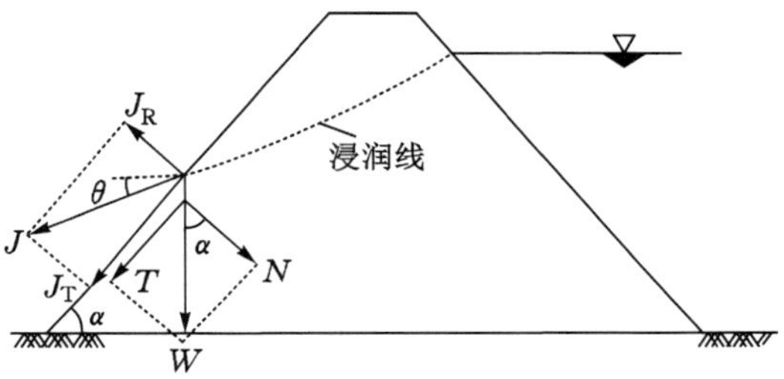

图 4-4-1 平面滑动渗流计算示意图

下滑力包括自重和渗流力沿坡面的分量为：

$$T=\gamma' V\sin\alpha+\gamma_w iV\cos(\alpha-\theta) \tag{4-4-2}$$

坡面上的法向应力包括自重和渗流力的分量为：

$$N=\gamma' V\cos\alpha-\gamma_w iV\sin(\alpha-\theta) \tag{4-4-3}$$

坡面的抗剪强度提供的抗滑力为：

$$R=[\gamma' V\cos\alpha-\gamma_w iV\sin(\alpha-\theta)]\tan\varphi \tag{4-4-4}$$

$$F_s=\frac{R}{T}=\frac{[\gamma' V\cos\alpha-\gamma_w iV\sin(\alpha-\theta)]\tan\varphi}{\gamma' V\sin\alpha+\gamma_w iV\cos(\alpha-\theta)}=\frac{[\gamma'\cos\alpha-\gamma_w i\sin(\alpha-\theta)]\tan\varphi}{\gamma'\sin\alpha+\gamma_w i\cos(\alpha-\theta)} \tag{4-4-5}$$

当渗流溢出处水流顺坡面时，即 $\theta=\alpha$，$i=\sin\alpha$，此时有：

$$F_s=\frac{\gamma'}{\gamma_{sat}}\frac{\tan\varphi}{\tan\alpha} \tag{4-4-6}$$

顺坡出流时稳定性系数为干坡的一半。当渗流溢出处水流为水平时，即 $\theta=0$，$i=\tan\alpha$，此时有：

$$F_s=\frac{R}{T}=\frac{[\gamma'\cos\alpha-\gamma_w i\sin(\alpha-\theta)]\tan\varphi}{\gamma'\sin\alpha+\gamma_w i\cos(\alpha-\theta)}=\frac{\gamma'-\gamma_w\tan^2\alpha}{\gamma_{sat}}\cdot\frac{\tan\varphi}{\tan\alpha} \tag{4-4-7}$$

2. 岩质边坡

当结构面走向和坡面走向平行或近平行，结构面倾向和边坡倾向一致时，如果结构面在坡面或者坡顶出露，也就是结构面倾角小于坡角，则可能发生平面滑动。

此时岩质边坡稳定性分析和无黏性土坡类似，采用刚体静力极限平衡法进行力学分析。

(1) 无水情况(图 4-4-2)

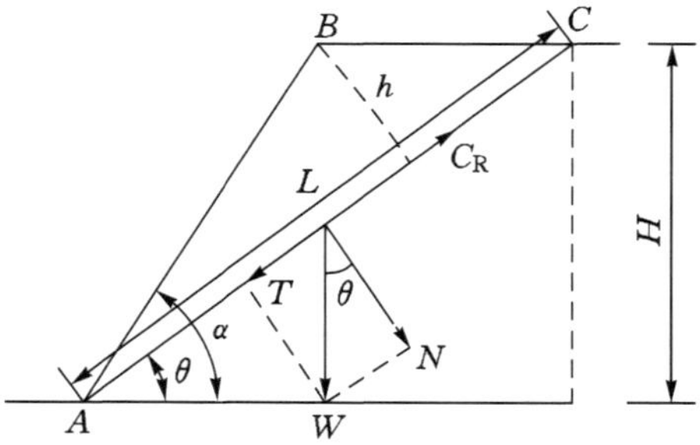

图 4-4-2　无水情况平面受力分析图

下滑力：

$$T=W\sin\theta \tag{4-4-8}$$

抗滑力：

$$R=N\tan\varphi+cL=W\cos\theta\tan\varphi+cL \tag{4-4-9}$$

稳定性系数：

$$F_s=\frac{W\cos\theta\tan\varphi+cL}{W\sin\theta} \tag{4-4-10}$$

或

$$F_s=\frac{\tan\varphi}{\tan\theta}+\frac{2c}{\gamma h\sin\theta} \tag{4-4-11}$$

则滑体极限坡高为：

$$H_{cr}=\frac{2c\sin\alpha\cos\varphi}{\gamma\sin(\alpha-\theta)\sin(\theta-\varphi)} \tag{4-4-12}$$

推导过程：

$$h=\frac{H\sin(\alpha-\theta)}{\sin\alpha} \tag{4-4-13}$$

$$\frac{\sin\varphi\cos\theta}{\sin\theta\cos\varphi}+\frac{2c\sin\alpha}{\gamma H\sin(\alpha-\theta)\sin\theta}=1 \tag{4-4-14}$$

可得到极限坡高为：

$$H_{cr}=\frac{2c\sin\alpha\sin\theta\cos\varphi}{\gamma\sin(\alpha-\theta)\sin\theta[\sin\theta\cos\varphi-\sin\varphi\cos\theta]}=\frac{2c\sin\alpha\cos\varphi}{\gamma\sin(\alpha-\theta)\sin(\theta-\varphi)}\tag{4-4-15}$$

式中 W——单位宽度滑体自重,kN/m;

c——结构面的黏聚力,kPa;

φ——内摩擦角,(°);

L——结构面长度,m;

α——边坡倾角,(°);

θ——结构面与水平面夹角,(°);

H——边坡的垂直高度,m。

$$V=\frac{1}{2}\gamma_w h_w^2\tag{4-4-16}$$

(2) 张裂隙和结构面充水情况

当坡顶或坡面的张裂缝有水时,裂缝中的水会有一定高度,此时沿着张裂缝和结构面会产生静水压力,使下滑力增大,抗滑力减小。此时的边坡稳定性分析需要考虑附加静水压力的作用,分两种情况进行分析:

① 坡脚透水的情况(图 4-4-3)。

结构面底部的出流缝渗水,未被堵塞时,不考虑渗流力,水压力沿结构面三角形分布。

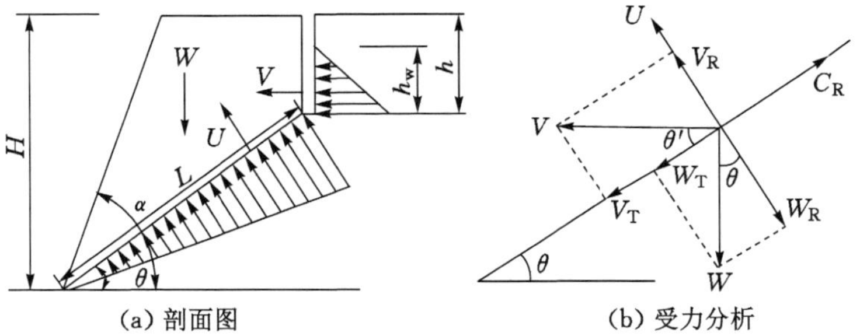

(a) 剖面图 (b) 受力分析

图 4-4-3 充水情况平面受力分析图

取单位宽度岩质边坡进行受力分析,结构面上的下滑力包括沿结构面向下的自重分量和张裂缝中水压力分量,则下滑力为:

$$T=W\sin\theta+V\cos\theta\tag{4-4-17}$$

结构面上的法向应力包括垂直结构面向下的自重分量和垂直结构面向上的张裂缝中水压力分量与结构面中水压力,法向应力分别为:

$$\sigma=W\cos\theta-U-V\sin\theta\tag{4-4-18}$$

$$\tau_f=\sigma\tan\varphi+c\tag{4-4-19}$$

结构面的抗剪强度提供的抗滑力为：

$$R=(W\cos\theta-U-V\sin\theta)\tan\varphi+cL \tag{4-4-20}$$

则边坡的稳定性系数为：

$$F_s=\frac{R}{T}=\frac{(W\cos\theta-U-V\sin\theta)\tan\varphi+cL}{W\sin\theta+V\cos\theta} \tag{4-4-21}$$

$$L=\frac{H-h}{\sin\theta} \tag{4-4-22}$$

张裂隙中水压力为：

$$V=\frac{1}{2}\gamma_w h_w^2 \tag{4-4-23}$$

结构面中水压力为：

$$U=\frac{1}{2}\gamma_w h_w L \tag{4-4-24}$$

式中 W——单位宽度滑体自重，kN/m；

H——边坡的垂直高度，m；

c——结构面的黏聚力，kPa；

φ——结构面的内摩擦角，(°)；

L——结构面长度，m，$L=(H-L)/\sin\theta$；

θ——结构面与水平面夹角，(°)；

α——边坡倾角，(°)；

V——边坡后缘裂隙面上单位宽度总水压力，kN/m；

U——滑动结构面上单位宽度总水压力，kN/m。

注：静水压力作用方向是垂直于作用面的，当张裂隙倾斜时，应注意修正。

② 坡脚不透水的情况。

当坡脚不透水，即结构面底部的出流缝被堵塞时，水压力分布较为复杂。

考虑附加荷载作用的稳定性分析：当在坡体上作用有其他的作用力，如动水压力、附加荷载、地震力等时，应将相应的附加力考虑在滑动块体的力系平衡中，采用刚体极限平衡分析法分析。当既有边坡有支护结构时，原支护结构为边坡稳定提供了抗力，边坡稳定性有所提高，因此边坡加固工程稳定性计算时要考虑原支护结构的有效抗力，为了清楚地反映原有支护结构的抗力作用，将有效抗力产生的水平分力和竖直分力分别从水平和竖向附加荷载中分离出来，考虑附加荷载情况下平面受力分析，如图 4-4-4 所示。

边坡稳定性系数按下式计算：

$$F_s=\frac{M_r}{M_s}=\frac{W_2d_2+c\hat{L}R}{W_1d_1} \tag{4-4-25}$$

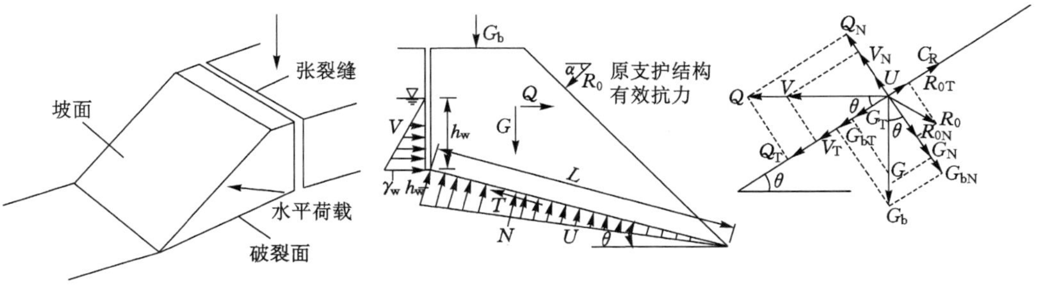

(a) 立体图　　(b) 剖面图　　(c) 水平荷载指向坡外的受力分析

图 4-4-4　考虑附加荷载情况下平面受力分析图

下滑力为：

$$T=(G+G_b)\sin\theta+(V+Q)\cos\theta-R_0\cos(\theta+\alpha) \tag{4-4-26}$$

抗滑力为：

$$R=[(G+G_b)\sin\theta+R_0\sin(\theta+\alpha)-(Q+V)\sin\theta-U]\tan\varphi+cL \tag{4-4-27}$$

$$F_s=\frac{R}{T}=\frac{[(G+G_b)\sin\theta+R_0\sin(\theta+\alpha)-(Q+V)\sin\theta-U]\tan\varphi+cL}{(G+G_b)\sin\theta+(V+Q)\cos\theta-R_0\cos(\theta+\alpha)} \tag{4-4-28}$$

张裂隙中水压力为：

$$V=\frac{1}{2}\gamma_w h_w^2 \tag{4-4-29}$$

结构面中水压力为：

$$U=\frac{1}{2}\gamma_w h_w L \tag{4-4-30}$$

式中 G_b——滑体单位宽度竖向附加荷载，kN/m，方向指向下方时取正值，指向上方时取负值；

Q——滑体单位宽度水平附加荷载，kN/m，方向指向坡外时取正值，指向坡内时取负值；

R_0——滑体所受原有支护结构单位宽度的有效抗力，kN/m；

c、φ——滑面的黏聚力和内摩擦角，单位分别为 kPa 和(°)；

L——滑面长度，m，$L=(H-h)/\sin\theta$，H 为边坡的垂直高度，h 为后缘陡倾裂隙的高度；

G——滑体单位宽度自重，kN/m；

α——原有支护结构单位宽度有效抗力倾角，(°)，有效抗力指向斜下方时取正值（如图 4-4-4 所示取正值），指向斜上方时取负值；

θ——滑面倾角，(°)；

U——滑面单位宽度总水压力，kN/m；

V——后缘陡倾裂隙面上的单位宽度总水压力，kN/m；

h_w——后缘陡倾裂隙充水高度，m；

α_w——边坡综合水平地震系数。

（三）圆弧滑动法

黏性土由于剪切而破坏的滑动面绝大多数为曲面，为了简化计算，常假定黏性土坡滑动面为圆弧面，用圆弧滑动法分析黏性土坡的稳定性。

1. 整体圆弧滑动法

整体圆弧滑动法适用于 $\varphi=0$ 的饱和软黏土。假设滑动面滑弧的圆心为 O，作用在圆弧滑动面上的各力对圆心 O 点取矩，则滑体平衡条件为各力到 O 点的力矩平衡，如图 4-4-5 所示。

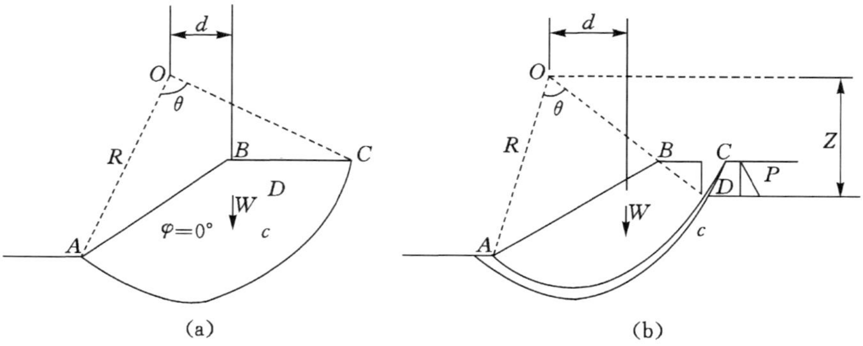

图 4-4-5　圆弧滑动法示意图

滑动土体的重力 W 是促使土坡滑动的力，沿着滑动面 AC 上分布的土抗剪强度 τ 是抵抗土坡滑动的力，将滑动力 W 和抗滑力 R 分别对滑动面圆心 O 取矩。

滑动力矩为：

$$M_s=Wd \tag{4-4-31}$$

抗滑力矩为：

$$M_r=\tau_f \widehat{L}R \tag{4-4-32}$$

根据莫尔-库仑强度理论，抗剪强度 $\tau=\sigma\tan\varphi+c$，滑动面上的法向应力 σ 沿滑动面是不断变化的，因此对于 $\varphi\neq0$ 的一般黏性土，可以采用条分法，其抗剪强度亦随滑动面位置的不同而变化；对于饱和软黏土来说，$\varphi=0$，则滑动面的抗剪强度只由黏聚力提供，滑动安全系数可以表示为：

$$F_s=\frac{M_r}{M_s}=\frac{c\widehat{L}R}{Wd} \tag{4-4-33}$$

式中 W——单位宽度滑体自重，kN/m；

R——滑动圆弧的半径，m；

d——滑体自重 W 对滑动圆心 O 点的力臂，m；

c——滑动面的黏聚力，kPa；

$\widehat{L}$——滑动圆弧的弧长，m。

$$\widehat{L}=\theta\frac{2\pi R}{360°} \tag{4-4-34}$$

当黏性土坡顶有裂缝时，地表水渗入裂缝以后，将会产生静水压力，应在土坡稳定分析时考虑静水压力的作用，如图 4-4-5(b)所示，裂缝内积水产生的静水压力 $P_w=\frac{1}{2}\gamma_w h_w^2$ 作用点位于裂缝底部以上 1/3 处，它对滑动圆心 O 的力臂为 Z，滑弧长度由 AC 缩短到 AD。

当对饱和软黏土边坡进行堆载反压时(图 4-4-6)，由于坡脚堆载阻碍边坡滑动，在进行稳定性分析时，应考虑堆载提供的抗滑力矩，按下式计算：

$$F_s=\frac{M_r}{M_s}=\frac{W_2 d_2+c\widehat{L}R}{W_1 d_1} \tag{4-4-35}$$

式中 W_1——单位宽度滑体自重，kN/m；

W_2——单位宽度堆载自重，kN/m；

d_1——W_1 对滑动圆心 O 点的力臂，m；

d_2——W_2 对滑动圆心 O 点的力臂，m。

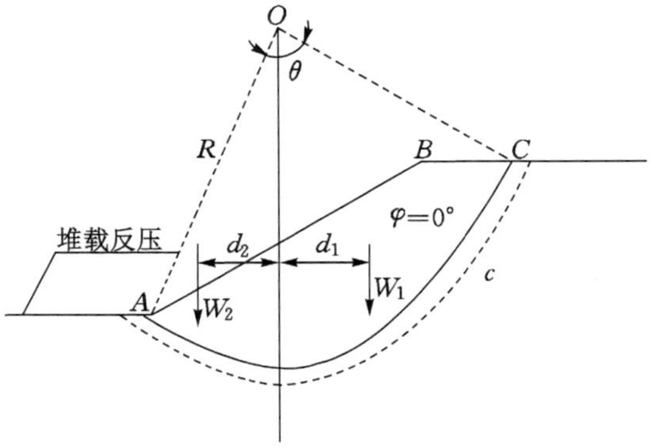

图 4-4-6 反压法圆弧滑动法示意图

2. 瑞典条分法(图 4-4-7)

瑞典条分法不考虑条间作用力，只满足滑动土体的整体力矩平衡而不满足条块的静力平衡，计算的安全系数偏低。

(1) 一般表达式

根据莫尔-库仑强度理论，抗剪强度 $\tau=\sigma\tan\varphi+c$，滑动面上的法向应力 σ

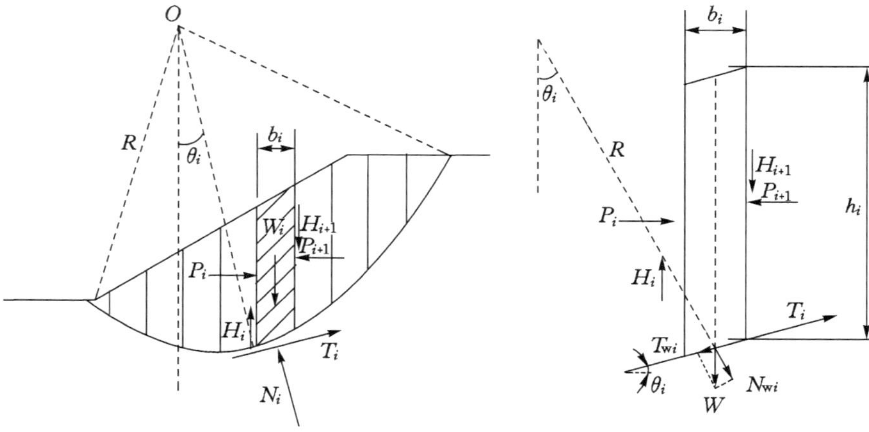

图 4-4-7　瑞典条分法示意图

沿滑动面是不断变化的，因此对于 $\varphi\neq0$ 的一般黏性土，可采用条分法进行稳定性分析。

不计条块两侧的作用力，条块自重 W_i 分解为条块底部通过滑弧圆心的法向力 N_{wi} 和与滑弧相切的剪切力 T_{wi}。

$$N_{wi}=W_i\cos\theta_i \tag{4-4-36}$$

$$T_{wi}=W_i\sin\theta_i \tag{4-4-37}$$

作用在条块底面上的法向反力 N_i 与 N_{wi} 大小相等、方向相反，$N_i=N_{wi}=W_i\cos\theta_i$，作用在条块底面上的抗剪切力 T 与 T_{wi} 方向相反、大小不等，不满足静力平衡条件，其可能发挥的最大值等于条块底面土的抗剪强度，根据莫尔-库仑强度理论，条块底面的抗剪强度 $\tau_f=W_i\cos\theta_i\tan\varphi_i+c_il_i$，设土坡的稳定系数为 F，滑动面上的抗剪强度只发挥了一部分，则实际发挥的抗剪切力为：

$$T_i=\frac{1}{F_s}\cdot\tau_f=\frac{c_il_i+W_i\cos\theta_i\tan\varphi_i}{F_s} \tag{4-4-38}$$

条块上的作用力分别对滑动圆心 O 取矩，滑动面上的法向反力 N 通过圆心，不产生力矩，只有剪切力 T_w 和滑动面上的切向抗剪切力 T 对圆心分别产生滑动力矩和抗滑力矩。

滑动力矩为：

$$M_s=T_{wi}R=W_iR\sin\theta_i \tag{4-4-39}$$

抗滑力矩为：

$$M_r=T_iR=\frac{c_il_i+W_i\cos\theta_i\tan\varphi_i}{F_s}R \tag{4-4-40}$$

当整个滑动土体处于极限平衡状态时，整体力矩平衡，即滑动力矩＝抗滑力矩，得到稳定系数计算公式为：

$$F_s=\frac{M_r}{M_s}=\frac{\sum(c_i l_i+W_i\cos\theta_i\tan\varphi_i)}{\sum W_i\sin\theta_i} \tag{4-4-41}$$

(2) 存在孔隙水压力时(图 4-4-8)

前面介绍的瑞典条分法稳定系数计算公式属于总应力法，采用的抗剪强度指标也是总应力指标，若土坡由于某种原因存在孔隙水压力，作用在滑动面上的孔隙水压力垂直于作用面，即作用方向垂直于圆弧滑动面，指向圆心。取土条 i 进行受力分析时，将土条的重力 W_i 分解为切向力 T_i 和法向力 N_i，如果法向力扣除孔隙水压力 u_il_i，剩余部分作用在滑动面上的抗剪切力为 $T_i=(W_i\cos\theta_i-u_il_i)\tan\varphi'+c'_il_i$，则边坡的稳定系数可表示为：

$$F_s=\frac{M_r}{M_s}=\frac{\sum(c'_i l_i+W_i\cos\theta_i\tan\varphi'_i)}{\sum W_i\sin\theta_i} \tag{4-4-42}$$

这样的分析方法就称为有效应力法，相应的土的抗剪强度指标采用有效抗剪强度指标。

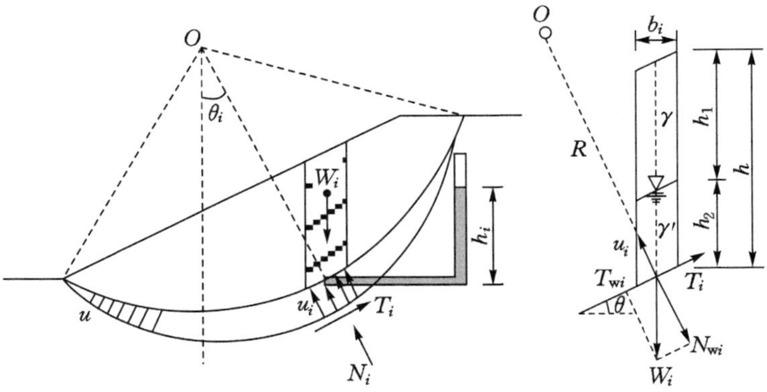

图 4-4-8 存在孔隙水压力时受力分析图

(3) 稳定渗流时

对于稳定渗流的土坡，滑动面上的孔隙水压力为静孔隙水压力和渗流引起的孔隙水压力之和，根据土力学中的渗流理论，当计算坡外水位以下 b 的孔隙水压力时，由测压管中水柱高度算出的孔隙水压力由两部分组成，一部分是坡外静水位引起的静孔隙水压力 h_1，一部分是由渗流引起的孔隙水压力 h_2，稳定渗流时受力分析如图 4-4-9 所示。

当渗流平行于坡面时，如图 4-4-10 所示，由于流线平行坡面，且等势线和流线正交，因此等势线必垂直于坡面，图中的 bc 线为等势线，由于等势线上各点的测压管水头是相等的，可以通过计算 bc 两点之间的垂直距离 bd 来计算 b 点

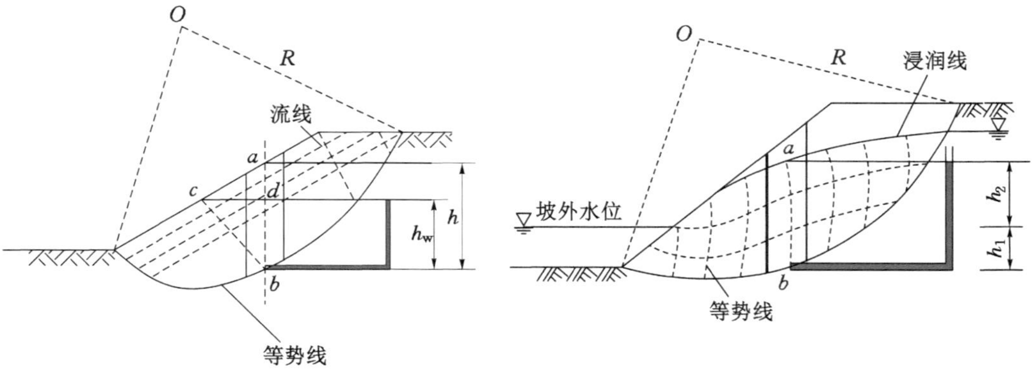

图 4-4-9　稳定渗流时受力分析图

的孔隙水压力，在三角形 abc 中，$bc=ab\times\cos\alpha=h\cos\alpha$，在三角形 bcd 中，$bd=bc\times\cos\alpha=h\cos^2\alpha$，即 b 点的测压管水头为 $h\cos^2\alpha$，孔隙水压力 $u=r_{\mathrm{w}}h\cos^2\alpha$，其中 α 为土坡倾角。

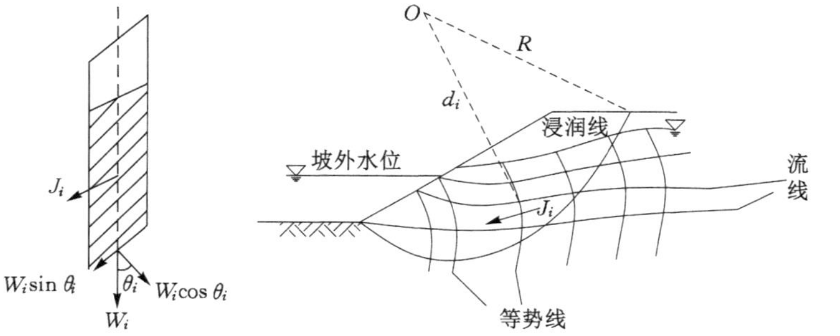

图 4-4-10　稳定渗流时利用流网计算受力分析图

稳定渗流期，利用流网计算时，如图 4-4-10 所示，取滑体中第 i 条块进行分析，单位体积渗透力 $J_i=\gamma_{\mathrm{w}}i$ 为水力比降，可以从流网等势线的分布求得。取单位宽度计算，作用于条块的总渗透力 $J_i=\gamma_{\mathrm{w}}iA$（$A$ 为该条块的渗流面积，如图中阴影部分所示），J_i 作用于条块渗流面积的形心，方向平行于流线方向。若 J_i 对滑动圆心的力臂为 d_i，则该条块的渗流力所产生的滑动力矩 $J_id_i=\gamma_{\mathrm{w}}i_iA_id_i$，整个滑动土体范围内由渗流力产生的滑动力矩为所有条块渗流力力矩之和。并且假定渗流力在滑动面上引起的剪应力是均匀分布的，其值为 $\sum J_id_i/(R\widehat{L})$。计算条块自重时，水位以下部分应按浮重力密度计算。

$$F_{\mathrm{s}}=\frac{M_{\mathrm{r}}}{M_{\mathrm{s}}}=\frac{R\sum\left[c'_il_i+b_i(\gamma h_{1i}+\gamma' h_{2i})\cos\theta_i\tan\varphi'_i\right]}{R\sum b_i(\gamma h_{1i}+\gamma' h_{2i})\sin\theta_i+\sum J_id_i}\qquad(4\text{-}4\text{-}43)$$

由于利用流网计算比较复杂，一般工程用代替法计算，代替法就是用浸润线以下坡外水位以上所包围的同体积水重对滑动圆心的力矩来代替渗流对圆心的滑动力矩。计算抗滑力时,浸润线至下游水位之间这一部分土柱重量用有效重力密度代替饱和重力密度,而在下滑力的计算中这一部分土柱仍用饱和重力密度,如图 4-4-11 所示。

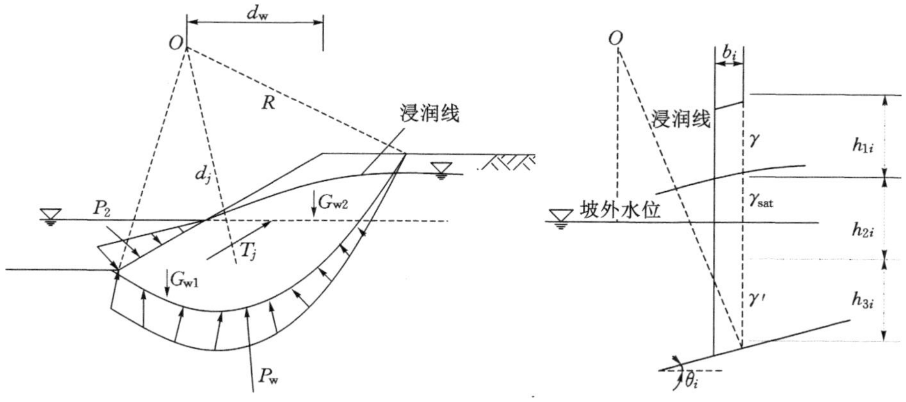

图 4-4-11 工程代替法计算受力分析图

稳定渗流时土坡的稳定系数计算式如下:

$$F_s = \frac{M_r}{M_s} = \frac{\sum\left[c'_i l_i + b_i(\gamma h_{1i} + \gamma' h_{2i} + \gamma' h_{3i})\cos\theta_i \tan\varphi'_i\right]}{\sum b_i(\gamma_i h_1 + \gamma_{sati} h_{2i} + \gamma'_i h_3)\sin\theta_i} \tag{4-4-44}$$

(四) 折线滑动面

当滑动面为多个有坡度的折线倾斜面时,将滑动面上土体按折线段划分为若干条块,自上而下分别计算各条块的剩余下滑力,根据最后一个条块的剩余下滑力的正负值确定边坡的稳定性。对于折线滑动面,一般用传递系数法计算,传递系数法是我国岩土工程界在 20 世纪 70 年代创立的一种计算边坡稳定性的方法。本标准附录 B. 0. 3 中采用的是隐式解,本书在阐述隐式解的同时,增加了显式解法。本标准附录 B. 0. 5 中的不平衡推力传递法同样适合下面的推导原理。

1. 传递系数法显式解(图 4-4-12)

(1) 计算滑坡推力或剩余下滑力

滑坡推力也叫剩余下滑力,一般用极限平衡状态下的静力分析法计算,为了让设计具有一定的安全储备,采取增大下滑力的方法,受力分析见图 4-4-12,即将自重沿下滑力的分量 G 乘以一个安全系数。

$$F_n = F_{n-1}\psi + \gamma_t G_{nt} - G_{nn}\tan\varphi_n - c_n l_n \tag{4-4-45}$$

$$G_{nn} = G_n \cos\beta_n \tag{4-4-46}$$

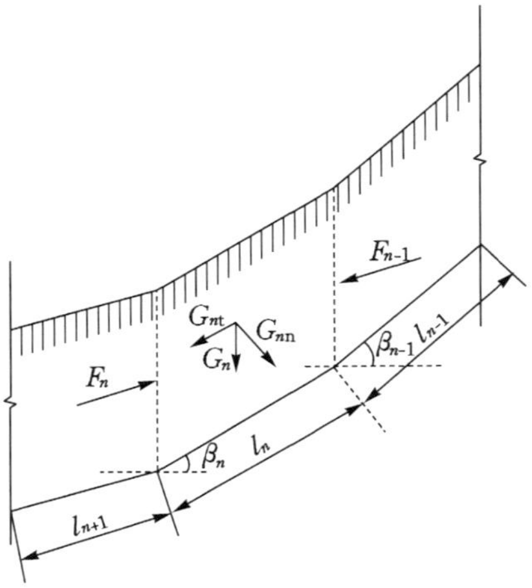

图 4-4-12　增大下滑力法受力分析图

$$G_{nt}=G_n\sin\beta_n \tag{4-4-47}$$

$$\psi_{n-1}=\cos(\beta_{n-1}-\beta_n)-\sin(\beta_{n-1}-\beta_n)\tan\varphi_n \tag{4-4-48}$$

式中　F_n、F_{n-1}——第 n 块、$n-1$ 块滑体的剩余下滑力，kN；

G_{nt}、G_{nn}——第 n 块滑体自重沿滑动面、垂直滑动面的分力，kN；

ψ——滑坡推力传递系数；

γ_t——滑坡推力安全系数；

φ_n——第 n 块滑体沿滑动面土的内摩擦角标准值，(°)；

c_n——第 n 块滑体沿滑动面土的黏聚力标准值，kPa；

l_n——第 n 块滑体沿滑动面长度，m；

n——条块数量，从最上方开始编号。

滑坡推力的计算公式可以用一般表达式来表示：

$$F_n=F_{n-1}\psi_{n-1}+\gamma_t T_n-R_n \tag{4-4-49}$$

传递系数法显式解受力分析见图 4-4-13，推导过程如下：

根据力的平衡有：

滑动面法向力平衡：

$$\overline{N}_i=W_i\cos\theta_i+F_{i-1}\sin(\theta_{i-1}-\theta_i) \tag{4-4-50}$$

滑动面切向力平衡：

$$\overline{T}_i=W_i\sin\theta_i+F_{i-1}\cos(\theta_{i-1}-\theta_i)-F_i \tag{4-4-51}$$

根据莫尔-库仑强度理论，条块底面的抗剪强度为：

$$\tau_f=c_il_i+\overline{N}_i\tan\varphi_i \tag{4-4-52}$$

设土坡的稳定系数为 F_s，滑动面上的抗剪强度只发挥了一部分，则实际发挥的抗剪切力为：

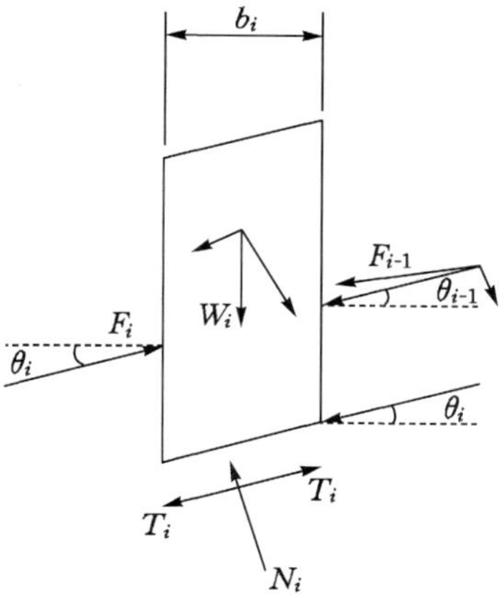

图 4-4-13 显式解法受力分析图

$$\overline{T}_i=\frac{1}{F}\cdot\tau_f=\frac{c_il_i+\overline{N}_i\tan\varphi_i}{F_s} \tag{4-4-53}$$

由式(4-4-49)得到：

$$F_i=W_i\sin\theta_i-\overline{T}_i+F_{i-1}\cos(\theta_{i-1}-\theta_i) \tag{4-4-54}$$

将式(4-4-53)代入式(4-4-54)得：

$$F_i=W_i\sin\theta_i-\frac{c_il_i+\overline{N}_i\tan\varphi_i}{F_s}+F_{i-1}\cos(\theta_{i-1}-\theta_i) \tag{4-4-55}$$

将式(4-4-53)代入式(4-4-55)得：

$$F_i=W_i\sin\theta_i-\frac{c_il_i+[W_i\cos\theta_i+F_{i-1}\sin(\theta_{i-1}-\theta_i)]\tan\varphi_i}{F_s}+F_{i-1}\cos(\theta_{i-1}-\theta_i) \tag{4-4-56}$$

整理得：

$$F_i=W_i\sin\theta_i-\frac{c_il_i+W_i\cos\theta_i\tan\varphi_i}{F_s}+F_{i-1}\left[\cos(\theta_{i-1}-\theta_i)-\sin(\theta_{i-1}-\theta_i)\frac{\tan\varphi_i}{F_s}\right] \tag{4-4-57}$$

令 $\psi_{i-1}=\cos(\theta_{i-1}-\theta_i)-\sin(\theta_{i-1}-\theta_i)\dfrac{\tan\varphi_i}{F_s}$，得到：

$$F_i=F_{i-1}\psi_{i-1}+W_i\sin\theta_i-\frac{c_il_i+W_i\cos\theta_i\tan\varphi_i}{F_s}\quad（隐式解） \tag{4-4-58}$$

下滑力 $T_i=W_i\sin\theta_i$，抗滑力 $R_i=W_i\cos\theta_i\tan\varphi_i+c_il_i$，则滑坡推力可以表示为：

$$F_i=F_{i-1}\psi_{i-1}+T_i-\frac{R_i}{F_s}\quad（隐式解） \tag{4-4-59}$$

若令滑面抗剪强度完全发挥，即 $F_s=1.0$，然后增大下滑力，乘以一个增大

系数 γ_i，就得到了地基规范的滑坡推力计算公式：

$$P_i = P_{i-1}\psi_{i-1} + \gamma_i T_i - R_i \quad （显式解） \tag{4-4-60}$$

这种方法也称为传递系数超载法，即增大下滑力，而抗滑力不变，这里的 γ_i 等同于下面要讲到的显式解计算边坡稳定性中的 F_s。

(2) 计算边坡稳定系数

不平衡推力法受力分析见图 4-4-14，推导过程如下：

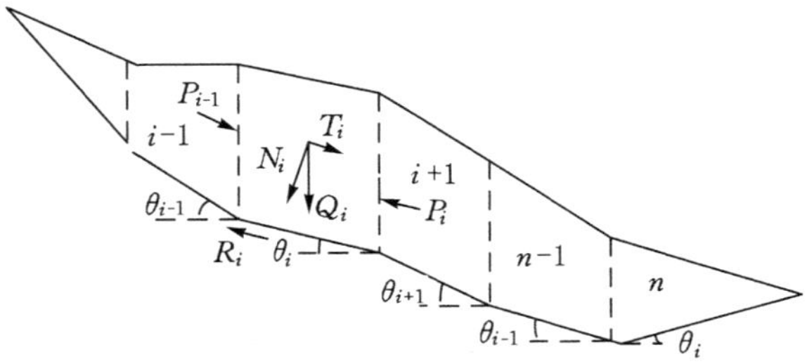

图 4-4-14　不平衡推力法计算边坡稳定系数

$$F_s = \frac{\sum_{i=1}^{n-1}\left(R_i \prod_{j=i}^{n-1}\psi_j\right) + R_n}{\sum_{i=1}^{n-1}\left(T_i \prod_{j=i}^{n-1}\psi_j\right) + T_n} \tag{4-4-61}$$

$$\prod_{j=i}^{n-1}\psi_j = \psi_i \cdot \psi_{i+1} \cdot \psi_{i+2} \cdots \psi_{n-1} \tag{4-4-62}$$

$$\psi_j = \cos(\theta_i - \theta_{i+1}) - \sin(\theta_i - \theta_{i+1})\tan\varphi_{i+1} \tag{4-4-63}$$

下滑力为：

$$T_i = Q_i \sin\theta_i \tag{4-4-64}$$

抗滑力为：

$$R_i = Q_i \cos\theta_i \tan\varphi_i + c_i l_i \tag{4-4-65}$$

式中　F_s——稳定系数；

θ_i——第 i 块滑动面与水平面的夹角，(°)；

R_i——作用在第 i 块滑体上的抗滑力，kN/m；

N_i——第 i 块滑体滑动面上的法向分力，kN/m；

T_i——作用在第 i 块滑体上的下滑力，kN/m，当出现与滑动方向相反的滑动分力时，T_i 应取负值；

ψ_j——第 j 块滑体的剩余下滑力传递至第 $j+1$ 块滑体时的传递系数；

c_i——第 i 块滑体土的黏聚力标准值，kPa；

φ_i——第 i 块滑体土的内摩擦角标准值，(°)；

l_i——第 i 块滑体沿滑动面长度，m；

Q_i——第 i 块滑体自重，kN/m。

2. 传递系数隐式解法(图 4-4-15)

具有折线形滑动面的边坡稳定性系数的计算可采用传递系数隐式解，按下列公式计算：

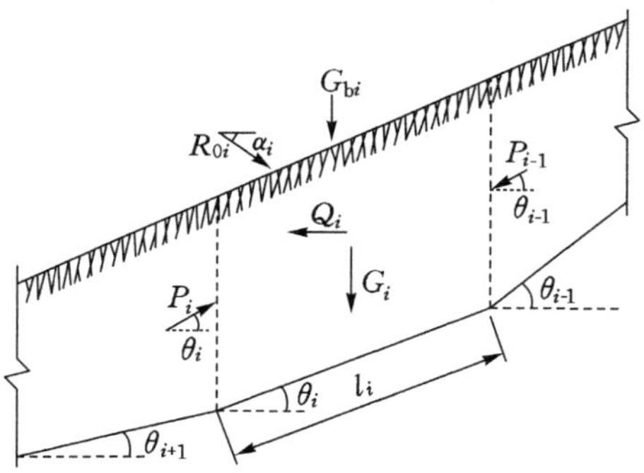

图 4-4-15 隐式解法受力分析图

最后一个条块的剩余下滑力 $P=0$。

剩余下滑力：

$$P_i = P_{i-1}\psi_{i-1} + T_i - \frac{R_i}{F_s} \tag{4-4-66}$$

传递系数为：

$$\psi_{i-1} = \cos(\theta_{i-1} - \theta_i) - \frac{\sin(\theta_{i-1} - \theta_i)\tan\varphi_i}{F_s} \tag{4-4-67}$$

下滑力为：

$$T_i = (G_i + G_{bi})\sin\theta_i + Q_i\cos\theta - R_\alpha\cos(\theta_i + \alpha_i) \tag{4-4-68}$$

抗滑力为：

$$R_i = c_i l_i + [(G_i + G_{bi})\cos\theta_i + R_\alpha\sin(\theta_i + \alpha_i) - Q_i\sin\theta_i - U_i]\tan\varphi_i \tag{4-4-69}$$

在用折线滑动面计算滑坡推力时，应将以上公式中的稳定系数 F_s 替换为安全系数 F_{st}，以此计算的 P_i 即为滑坡的推力。

式中 P_i——第 i 计算条块与第 $i+1$ 计算条块单位宽度剩余下滑力，kN/m，当 $P<0(i<n)$ 时，取 $P=0$；

T_i——第 i 计算条块单位宽度重力及其他外力引起的下滑力，kN/m；

R_i——第 i 计算条块单位宽度重力及其他外力引起的抗滑力，kN/m；

ψ_{i-1}——第 $i-1$ 条块滑体的剩余下滑力传递至第 i 条块滑体时的传递系数；

Q_i——第 i 条块滑体单位宽度水平荷载，kN/m，方向指向坡外为正，指向坡内为负；

G_i——第 i 条块滑体单位宽度自重，kN/m；

G_{bi}——第 i 条块滑体单位宽度竖向附加荷载，kN/m，方向指向下方为正，反之为负；

U_i——第 i 计算条块滑面单位宽度总水压力，kN/m；

α_i——第 i 计算条块原有支护结构单位宽度有效抗力倾角，(°)，有效抗力方向指向斜下方时取正值，指向斜上方时取负值；

c_i——第 i 条块滑体土的黏聚力标准值，kPa；

φ_i——第 i 条块滑体土的内摩擦角标准值，(°)；

R_α——外力作用，kN/m；

l_i——第 i 条块滑体沿滑动面长度，m。

此外，针对不良地质现象，标准 5.1.4 条强制规定了“当存在滑坡、崩塌及岩堆、泥石流等不良地质现象时，应对现状稳定性和对采掘场边坡稳定性的影响做出评价。”这也是一个非常重要的任务，因为这些不良地质现象可能会导致矿山事故，如垮塌、泥石流等，严重危及人员生命和财产安全。评价“现状稳定性”需要考虑多方面因素，包括地质构造、岩土类型和工程活动等。例如，可以通过现场勘察、地质探测和数据分析等方式，确定是否存在构造断层或者地下水渗漏等问题，并判断这些问题是否可能引起滑坡或崩塌等不良地质现象。如果存在这些问题，就需要采取相应的措施加以修复或处理，以确保当前状况的稳定性。对“采掘场边坡稳定性”的影响评价也需要综合考虑各种因素。例如，在采掘过程中，可能会改变边坡的自然倾向，增加其失稳风险。此外，采掘也可能导致地下水位下降，从而影响边坡的稳定性。

同时，针对边坡破坏模式、稳定状态和破坏趋势的工程初步判断，标准 5.2.1 条推荐采用工程类比法、图解法等方法，然后再根据初步的判断结果，选择相应的计算方法进行进一步的分析。工程类比法是指将已知的边坡破坏案例或已有的稳定边坡作为参考对象，进行类比分析，从而推断当前边坡的稳定性状况。图解法是指通过绘制边坡的截面图、剖面图等方式，观察边坡中存在的裂缝、滑坡体、滑动面等特征，从而推断边坡的稳定状态和破坏趋势。

在稳定计算维度选择方面，本标准并未给出直接建议，但在 5.2.2 条中强调了“二维稳定分析计算应选择有代表性的地质剖面”。在进行露天矿边坡的二维稳定性分析计算时，需要选择代表性良好的地质剖面来作为分析计算的依据。因为露天煤矿边坡的稳定性分析需要考虑地质因素、水文因素、机械因素等多种因素。不同地质剖面具有不同的地质构造、岩石性质、断层等特点，它们对于边坡稳定性的影响也是不同的。因此，选择具有代表性的地质剖面可以更准确地反映实际情况，提高分析计算的可靠性和精度。

当采用萨尔玛法计算(图 4-4-16)抗滑稳定安全系数时，应按下列公式计算：

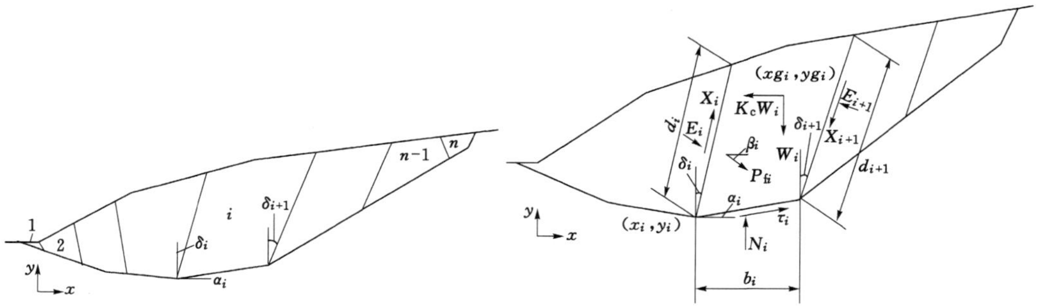

图 4-4-16 萨尔玛法计算简图

$$K_c=\frac{a_n+a_{n-1}e_n+a_{n-2}e_ne_{n-1}+\cdots+a_1e_ne_{n-1}\cdots e_3e_2+E_1e_ne_{n-1}\cdots e_1-E_{n+1}}{p_n+p_{n-1}e_n+p_{n-2}e_ne_{n-1}+\cdots+p_1e_ne_{n-1}\cdots e_3e_2} \tag{4-4-70}$$

$$a_i=\frac{R_i\cos\tilde{\varphi}'_{bi}+W_i\sin(\tilde{\varphi}'_{bi}-\alpha_i)+S_{i+1}\sin(\tilde{\varphi}'_{bi}-\alpha_i-\delta_{i+1})-S_i\sin(\tilde{\varphi}'_{bi}-\alpha_i-\delta_i)}{\cos(\tilde{\varphi}'_{bi}-\alpha_i+\tilde{\varphi}'_{si+1}-\delta_{i+1})\sec\tilde{\varphi}'_{si+1}} \tag{4-4-71}$$

$$p_i=\frac{W_i\cos(\tilde{\varphi}'_{bi}-\alpha_i)}{\cos(\tilde{\varphi}'_{bi}-\alpha_i+\tilde{\varphi}'_{si+1}-\delta_{i+1})\sec\tilde{\varphi}'_{si+1}} \tag{4-4-72}$$

$$e_i=\frac{\cos(\tilde{\varphi}'_{bi}-\alpha_i+\tilde{\varphi}'_{si}-\delta_i)\sec\tilde{\varphi}'_{si}}{\cos(\tilde{\varphi}'_{bi}-\alpha_i+\tilde{\varphi}'_{si+1}-\delta_{i+1})\sec\tilde{\varphi}'_{si+1}} \tag{4-4-73}$$

$$R_i=\tilde{c}'_{bi}b_i\sec\alpha_i+P_{fi}\cos(\alpha_i+\beta_i)+[P_{fi}\sin(\alpha_i+\beta_i)-U_{bi}]\tan\tilde{\varphi}'_{bi} \tag{4-4-74}$$

$$S_i=\tilde{c}'_{si}d_i-U_{si}\tan\tilde{\varphi}'_{si} \tag{4-4-75}$$

$$S_{i+1}=\tilde{c}'_{si+1}d_{i+1}-U_{si+1}\tan\tilde{\varphi}'_{si+1} \tag{4-4-76}$$

$$\tan\tilde{\varphi}'_{bi}=\tan\varphi'_{bi}/K \tag{4-4-77}$$

$$\tilde{c}'_{bi}=c'_{bi}/K \tag{4-4-78}$$

$$\tan\tilde{\varphi}'_{si}=\tan\varphi'_{si}/K \tag{4-4-79}$$

$$\tilde{c}'_{si}=c'_{si}/K \tag{4-4-80}$$

$$\tan\tilde{\varphi}'_{si+1}=\tan\varphi'_{si+1}/K \tag{4-4-81}$$

$$\tilde{c}'_{si+1}=c'_{si+1}/K \tag{4-4-82}$$

作用于第 i 条块左侧面上的推力 E_i 应按式(4-4-83)计算：

$$E_i=\alpha_{i-1}-p_{i-1}K_c+E_{i-1}e_{i-1} \tag{4-4-83}$$

式中 c'_{bi}、φ'_{bi}——第 i 条块底面上的有效黏聚力和内摩擦角，单位分别为 kPa 和(°)；

$\tilde{c}'_{bi}$、$\tilde{\varphi}'_{bi}$——第 i 条块底面上折减后的有效黏聚力和内摩擦角，单位分别为 kPa 和(°)；

c'_{si}、φ'_{si}——第 i 条块第 i 侧面上的有效黏聚力和内摩擦角，单位分别为 kPa 和(°)；

$\tilde{c}'_{si}$、$\tilde{\varphi}'_{si}$——第 i 条块第 i 侧面上折减后的有效黏聚力和内摩擦角，单位分别为 kPa 和(°)；

c'_{si+1}、φ'_{si+1}——第 i 条块第 $i+1$ 侧面上的有效黏聚力和内摩擦角，单位分别为 kPa 和(°)；

$\tilde{c}'_{si+1}$、$\tilde{\varphi}'_{si+1}$——第 i 条块第 $i+1$ 侧面上折减后的有效黏聚力和内摩擦角，单位分别为 kPa 和(°)；

U_{si}、U_{si+1}——第 i 侧面和第 $i+1$ 侧面上的孔隙压力，kPa；

U_{bi}——第 i 条块底面上的孔隙压力，kPa；

P_{fi}——作用于第 i 条块上的加固力，kPa；

δ_i、δ_{i+1}——第 i 条块第 i 侧面和第 $i+1$ 侧面的倾角(以铅垂线为起始线，顺时针为正角，逆时针为负角)，(°)；

E_{n+1}——第 n 条块右侧面总的正压力，kN，一般情况下 $E_{n+1}=0$；

E_1——第 1 条块左侧面总的正压力，kN，一般情况下 $E_1=0$；

K_c——临界水平地震加速度。

当采用楔形体法计算(图 4-4-17)抗滑稳定安全系数时，楔体的滑动模式包括单面滑动、双面滑动以及脱离岩体运动，其滑动模式判断与安全系数应按下列公式计算：

$$N_a=(m_{ab}R\cdot n_b-R\cdot n_a)/(1-m_{ab}^2) \tag{4-4-84}$$

$$N_b=(m_{ab}R\cdot n_a-R\cdot n_b)/(1-m_{ab}^2) \tag{4-4-85}$$

$$m_{ab}=\sin\psi_a\sin\psi_b\cos(\alpha_a-\alpha_b)+\cos\psi_a\cos\psi_b \tag{4-4-86}$$

$$R=U_a n_a+U_b n_b+U_c n_c+W_w+T_t \tag{4-4-87}$$

$$n_a=(\sin\psi_a\sin\alpha_a,\sin\psi_a\cos\alpha_a,\cos\psi_a) \tag{4-4-88}$$

$$n_b=(\sin\psi_b\sin\alpha_b,\sin\psi_b\cos\alpha_b,\cos\psi_b) \tag{4-4-89}$$

$$n_c=(\sin\psi_c\sin\alpha_c,\sin\psi_c\cos\alpha_c,\cos\psi_c) \tag{4-4-90}$$

$$w=(0,0,-1) \tag{4-4-91}$$

$$t=(\cos\psi_t\sin\alpha_t,\cos\psi_t\cos\alpha_t,-\sin\psi_t) \tag{4-4-92}$$

① $N_a>0$，$N_b>0$ 时，楔形体沿结构面 A 和 B 的交棱线滑动，其安全系数应按下式计算：

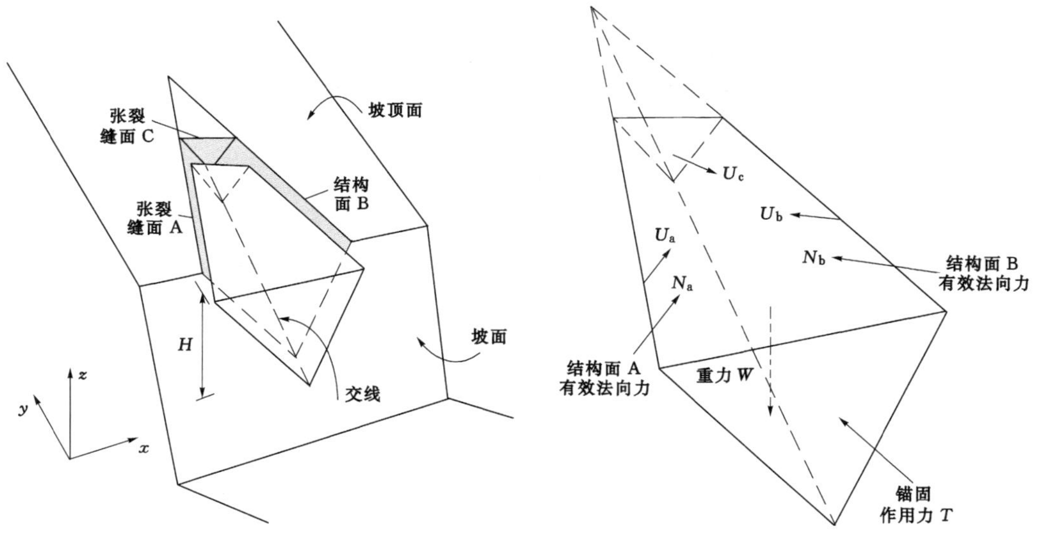

图 4-4-17 楔形体稳定分析计算简图

$$K=\frac{N_a\tan\phi'_a+c'_aA_a+N_b\tan\phi'_b+c'_bA_b}{|R(n_a\times n_b)|/|n_a\times n_b|} \tag{4-4-93}$$

② 当 N_a或 N_b出现负值时，若 N_a和 N_b满足 $N_a+m_{ab}N_b\geqslant0$，楔体沿结构面 A 滑动，其安全系数应按下式计算：

$$K=\frac{|Rn_a|\tan\phi'_a+c'_aA_a}{|R\times n_a|} \tag{4-4-94}$$

③ 若 N_a和 N_b满足 $N_b+m_{ab}N_a\geqslant0$，楔体沿结构面 B 滑动，其安全系数应按下式计算：

$$K=\frac{|Rn_b|\tan\phi'_b+c'_bA_b}{|R\times n_b|} \tag{4-4-95}$$

若楔体脱离岩体运动，其安全系数为 0。

式中 A_a、c'_a、ϕ'_a——结构面 A 的面积(m^2)、有效黏聚力(kPa)和内摩擦角(°)；

A_b、c'_b、ϕ'_b——结构面 B 的面积(m^2)、有效黏聚力(kPa)和内摩擦角(°)；

ψ_a、α_a——结构面 A 的倾角和倾向，(°)；

ψ_b、α_b——结构面 B 的倾角和倾向，(°)；

ψ_c、α_c——结构面 C 的倾角和倾向，(°)；

ψ_t、α_t——张裂缝面 C 的倾角和倾向，(°)；

U_a——结构面 A 上的孔隙压力，kN；

U_b——结构面 B 上的孔隙压力，kN；

U_c——张裂缝面 C 上的孔隙压力，kN；

W_w——楔形体重量，kN；

T_t——锚杆或锚索加固力，kN。

（五）其他影响边坡稳定的因素

1. 拟静力法

拟静力法是一种通过模拟侧向荷载作用下，岩体和土壤的应力分布情况来计算边坡稳定系数的方法，适用于不太复杂的岩土体结构。爆破震动力指的是在采石过程中爆破所产生的震动力量，这些震动会对边坡的稳定性造成影响。需要根据边坡的线性振动响应谱以及振动特征等数据进行计算。另外，地震力荷载计算就是为了预测地震发生时对边坡稳定性的影响而进行的计算。其考虑的是地震波传播对边坡产生的惊扰力量以及边坡结构抗震能力等因素。在评估耐震等级时，地震力荷载计算也是非常重要的因素之一。

如果针对某个露天煤矿边坡的稳定性进行定量分析，在考虑爆破震动力和地震力荷载计算时，可以使用拟静力法求取边坡的稳定系数。在综合分析爆破震动力和地震力荷载计算的结果时，可以考虑降低爆破药量，采用合理的爆破方式等来减小边坡受到的影响。在工程设计中还应根据地震活动频率和强度，采取相应的结构增强和加固措施来提高边坡的抗震能力，从而保障生产安全。标准 5.2.3 条分别针对爆破震动力和地震力荷载的计算给出了相关公式。

边坡稳定性计算时，对基本烈度为 7 度及 7 度以上地区的永久性边坡应进行地震工况下边坡稳定性校核。

对塌滑区内无重要建(构)筑物的边坡采用刚体极限平衡法和静力数值计算法计算稳定性时，滑体、条块或单元的地震作用可简化为一个作用于滑体、条块或单元重心处、指向坡外(滑动方向)的水平静力，其值应按下式计算：

$$Q_e = \alpha_w G \tag{4-4-96}$$

$$Q_{ei} = \alpha_w G_i \tag{4-4-97}$$

式中 Q_e、Q_{ei}——滑体、第 i 计算条块或单元单位宽度地震力，kN/m；

G、G_i——滑体、第 i 计算条块或单元单位宽度自重[含坡顶建(构)筑物作用]，kN/m；

α_w——边坡综合水平地震系数，由所在地区综合水平地震系数按表 4-4-2 确定。

表 4-4-2 水平地震系数

地震基本烈度	7 度		8 度		9 度
地震峰值加速度	0.10g	0.15g	0.20g	0.30g	0.40g
综合水平地震系数 α	0.025	0.038	0.050	0.075	0.100

2. 地下水、地表水的影响

标准5.2.4条规定了在对露天煤矿边坡进行稳定计算时，针对地下水、地表水所带来的影响，应该注意以下三个方面：

(1) 岩体的自重在浸润线以上应采用天然重力密度，在浸润线以下应采用浮重力密度。对有地下水渗流的岩体，采用浮重力密度计算时应考虑渗透水压力作用，各条块的渗透水压力可按下式计算：

$$P_{wi}=\gamma_w V_i J_i \tag{4-4-98}$$

式中 P_{wi}——条块 i 的渗透水压力，kN；

γ_w——水的重力密度，kN/m^3；

V_i——条块 i 单位宽度岩土体的水下体积，m^3；

J_i——条块 i 地下水渗透坡降。

由于岩石含水率的不同，其自重发生变化，因此需要在计算时进行区分。对于已经出现渗流问题的岩体，还要考虑渗透水压力作用。浮重度也叫作有效重度，是地下水面以下单位岩土体体积的有效重力。它是由岩土的饱和重度和水的重度之差值求得的。当土处于地下水位以下时，单位土体积中颗粒的有效重力由单位土体积中土颗粒的重力扣除浮力后得到，称为土的有效重度。露天煤矿较浅的部分，由于岩土常年暴露在地表，因此大多数时间里是干燥的。但如果边坡高度较高，或处于复杂地质条件下，可能会遇到地下水渗流促使岩土体破坏和滑动等情况，此时需要考虑渗透水的影响。例如，在实际工程中，如果边坡的岩体部分含有水分，且浸润线在边坡的一定深度以下，则这部分岩体在计算稳定性时应采用浮重力密度计算，同时还需要考虑岩体底部的渗透水作用，以便准确评估边坡的稳定性。

(2) 根据岩质边坡中地下水位线对边坡体某点的孔隙压力进行估算时，可视岩体性质、结构面的发育及其连通程度，按类似工程经验，对其水头进行折减。该规定强调了在对岩质边坡进行地下水位线估算时，需要考虑岩体的特性、结构面的发育及连通程度等因素。其中孔隙压力是指由于边坡中存在地下水而导致的水压力，是影响边坡稳定性的重要因素之一。针对此类问题，工程技术人员一般会采用一些经验公式来进行折减处理，以便更准确地估算不同深度点上的孔隙压力情况。

在岩土工程设计和施工中，应考虑可能的排水和泄洪通道，这样可以降低地表水位并避免因雨水等外部原因导致的过量积水。当地下水位线与边坡交界时，就需要考虑孔隙压力的影响。折减方法主要是针对孔隙水压而言的，根据不同的岩体性质、结构面发育的程度以及孔隙连通程度等因素，可以通过处理后获得更为准确的地下水位线和孔隙压力值，从而制定相应的治理方案。

例如，在进行某露天煤矿的边坡稳定性分析时，工程师们使用了多种方法来估算不同深度点上的孔隙压力，包括根据边坡水文地质条件进行现场调查、利用现有数据测量以及采用各种计算方法推算等，并结合具体岩体情况做出合理的施工方案，以确保整个矿区的安全稳定。

（3）对降雨造成边坡坡体表层一定深度范围内形成暂态饱和区的情况，在计算孔隙压力时，宜进行折减。该规定指出了在降雨造成岩质边坡表层区域形成暂态饱和时，计算孔隙压力时需要进行折减。暂态饱和是指当表层土壤或砂石等物质被浸润并与地下水部分接触时，会形成“半饱和”状态，也就是说它们的一部分孔隙已经被水填充，但另一部分孔隙仍然存在于空气中。这种情况下由于饱和区的体积很小，在计算孔隙压力时可能引起不必要的干扰。

在露天矿边坡工程中，降雨的影响不容忽视。当环境中的降雨量超过地表会导致一定深度以内产生的流动饱和区，进而使得边坡发生各种失稳。针对这种情况，可采用有限元数值计算方法进行孔压的折减处理，即将暂态饱和区域内的水头按比例缩小，计算出实际的孔隙压力值。

例如，在某露天矿开采场中，为解决雨季期间边坡失稳问题，在孔隙压力的计算中考虑了表层暂态饱和区对实际孔隙压力的影响，采用折减系数对孔隙水压进行修正。通过这种方式，可以更加准确地评估边坡稳定性风险并制定相应的防治措施，为矿山生产和工程安全提供良好的保障。

3. 其他计算要求

（1）针对岩体抗剪强度指标的选择，以下两条标准分别制定了相应规定：

标准 5.2.5 条规定，岩体结构面抗剪强度指标试验应符合现行国家标准《工程岩体试验方法标准》(GB/T 50266)的有关规定。已滑移的滑坡，其滑动面的抗剪强度指标宜取残余强度，或取反分析强度值。

标准 5.2.6 条规定，岩体抗剪强度指标应采用室内试验、现场原位试验等方法确定，无条件进行试验时，可采用反演分析、经验类比等方法综合分析确定。排土场边坡应根据不同排弃物料组成和基底的岩土性质，选择合理的计算参数。

两条规定都涉及岩体边坡抗剪强度指标的试验、测定和分析。标准 5.2.5 条明确要求进行岩体结构面抗剪强度指标试验，且应符合国家标准《工程岩体试验方法标准》(GB/T 50266)的有关规定。对于已滑移的滑坡，为了更好地评估其稳定性安全等级，可以取残余强度或反分析强度值。换句话说，这一条指出了在特定条件下需要进行直接的抗剪强度试验，但是现实情况可能存在无法进行试验的情形，此时标准 5.2.6 条规定则提供了其他方案，包括室内试验、现场原位试验等方法确定抗剪强度指标，并且也可采用反演分析、经验类比等方法综合分析来确定该参数。排土场边坡则应根据不同排渣物料组成和基底的岩土性质选择合理的计算参数，在没有试验数据支持的情况下采用计算替代试验的方法。

因此，两条规定可以看作是在不同情况下对岩体抗剪强度指标试验与测定的不同具体要求和方法进行界定的，它们相互补充并在实际工程应用中起到了重要的作用。

（2）其他规定：

标准5.2.8条规定，排土场边坡稳定，除排土场本身的稳定计算外，尚应验算排土场基底极限承载能力、基底变形、最大排弃高度。

该条规定强调的内容为：在对排土场边坡进行稳定计算时，需要考虑以下几个方面：

① 排土场本身的稳定计算：这是指对排土场边坡本身的稳定性进行评估和计算，包括边坡高度、坡角、堆放物料的松散度、间隙比等因素。

② 基底极限承载能力验证：基底是支撑整个排土场边坡重量的重要组成部分，需要通过工程试验或实际测量数据来验证其是否能够承受最大荷载，以保证排土场边坡的安全。

③ 基底变形检查：基底变形是指在较大荷载作用下地面所发生的位移变形，需要通过实测数据来判断是否符合设计标准。

④ 最大排弃高度验证：排土场边坡的高度应根据基础带的岩土地质特征、工程地貌、排渣物料状况等进行科学合理的设计。在实际工程中，需要基于具体情况确定边坡的最大排弃高度，同时考虑边坡的稳定性和基础承载能力等因素。

标准5.2.9条规定，当边坡可能存在多个滑动面时，对各个可能的滑动面均应进行稳定计算。在工程实践中，某些矿山废渣堆积场、陡斜的岩层倾角和构造面等地段，由于地质条件复杂，往往会出现多个可能的滑动面。如果在设计阶段只考虑其中一个滑动面的稳定性而忽略其他可能需要进行稳定性评估的滑动面，就会使实际边坡的安全系数低于设计要求，引发地质灾害。因此，对于可能存在多个滑动面的边坡，需要先对其可能的滑动面类型及方向进行分析，然后对各个滑动面进行单独的稳定性计算，以确定哪些滑动面对边坡整体的稳定性影响最大，从而确保边坡的稳定性能够达到设计要求。

标准5.2.10条则针对敏感性分析进行了规定，列出了水压变化、不同含水率弱层强度的变化、边坡几何尺寸变化、岩土体强度指标变化及其他因素变化。对于露天矿山的边坡稳定性分析，不同的因素在不同程度上会影响边坡的稳定，需要通过敏感性分析来确定某些因素对边坡稳定性的影响程度。例如，在进行边坡稳定计算时，如果只考虑单一因素对边坡的影响而不进行敏感性分析，就可能影响工程的实际效果。因此，在实际应用中，需要根据矿山区域的情况进行水压变化、不同含水率弱层强度的变化、边坡几何尺寸变化、岩土体强度指标变化等因素的敏感性分析，并根据具体情况选择适当的参数进行计算。

在进行露天煤矿边坡稳定性分析时，还需要对边坡的基本参数展开调研，如自然斜坡，应掌握斜坡面的形态、岩土物理力学参数及水文地质信息，对非均匀沉降、冻融作用及地下水等地质现象进行定量化计算预测，同时结合反演资料得到认识结果。

三、评价及成果报告

基于边坡稳定性计算结果，标准 5.3.2 条明确强调了“露天煤矿采掘场、排土场各分区边坡角应根据边坡稳定评价结果确定”。且在标准 5.3.1 条中也给出了边坡稳定状态划分的边坡稳定系数 F_s 区间范围。边坡设计稳定系数 F_{st} 的具体取值参见表 4-4-3。

表 4-4-3　边坡稳定状态划分

边坡稳定系数 F_s	$F_s<1.00$	$1.00\leqslant F_s<1.05$	$1.05\leqslant F_s<F_{st}$	$F_s\geqslant F_{st}$
边坡稳定状态	不稳定	欠稳定	基本稳定	稳定

注：判断优先顺序从右往左。

而针对边坡稳定评价时应当考虑和注意的事项，标准 5.3.3 条和 5.3.4 条分别针对需考虑的特殊情况、宜包含的具体内容做出了说明。其中，标准 5.3.3 条规定，边坡稳定评价宜包括现状评估、预测评估，并考虑下列特殊情况：① 露天开采转地下开采、露井联采，或边坡体周围有坑道、采空区等分布；② 边坡坡顶存在自然山坡或人工堆载；③ 边坡安全距离内存在常年河流及承压含水层。本条文提到了露天煤矿边坡稳定评价的三个方面：现状评估、预测评估以及考虑特殊情况。其中，特殊情况主要包括以下三个：① 进行开采方式转换；② 边坡顶有山坡或人工堆载；③ 边坡周围存在河流或含水层等。

“现状评估”是指对边坡目前的实际稳定状态进行分析和评估，通过对边坡变形和破坏状况的观察和测试，确定边坡的稳定性。

“预测评估”则是根据露天矿场内部的开采计划、边坡设计参数以及地质地貌资料，预测未来在不同时间尺度下边坡可能发生的变化和变形趋势。

针对“特殊情况”进行评估。例如，在露天煤矿开采过程中，由于资源余量的减少或开采效果问题，需要将部分矿体转为地下采掘时，就需要重点考虑转换后的新模式下边坡可能出现的安全问题，重新进行稳定评价。

另外，在具体考虑特殊情况时，需要考虑边坡周围的环境位置和工程情况。例如，当露天煤矿边坡顶部存在山坡或人工堆载时，需要同时对其进行评估，并采取相应的措施来加强边坡的稳定性。当常年河流或承压含水层存在时，则需要考虑其与边坡之间的距离及影响范围，以便预测边坡未来可能出现的安全问题，并采取相应的方法予以控制。

标准 5.3.4 条则规定了边坡稳定评价宜包括下列内容：

① 边坡稳定初步判断：对于露天矿场的边坡，需要对其地质结构、自然环境等进行综合考虑，采用各种方法进行实地调查，对边坡的基本数据进行搜集和分析，从而对边坡的稳定性做出初步判断。

② 边坡分区稳定计算：露天矿场边坡分区稳定计算，则是通过分区分析，确定每个分区的稳定情况。这涉及对边坡不同地带的情况进行分析，例如，在山脚区、山体中部区和山顶区进行不同方式的方案选择。

③ 边坡稳定现状评估、预测评估：边坡现状评估和预测评估是形成边坡稳定性评价的重要步骤，用于了解当前边坡的状况和未来可能的稳定情况。现状评估是通过对边坡的观察和测试进行稳定性分析，并确定边坡的稳定状态。预测评估则是根据以往的开采经验及地质资料、工程参数等推断边坡变形趋势。

④ 边坡分区稳定角度确定：边坡分区稳定角度确定是在稳定评价的基础上进行的，主要是对稳定性情况不同的边坡位置进行合理分区，进而选择合适的边坡稳定角度方案。

⑤ 边坡治理措施：在确定了合适的稳定角度后，则需要采取相应的治理措施。边坡治理措施包括：加固边坡、削帮减重、防水排水等方法。

⑥ 边坡治理措施对提高边坡角可行性分析：治理措施对提高边坡角可行性分析，是指有关治理措施对于提高边坡稳定角度的影响分析。例如选择不同的治理方法将对边坡坡降等一些设计参数产生较大的改变，需要通过专业的分析及计算，确保方案的可行性。

标准 5.3.5 条针对边坡稳定评价报告宜包括的内容也进行了具体规定：

① 项目概况：项目概况是指对实施边坡稳定评价的具体项目进行简要介绍。这部分内容可以涉及项目名、责任单位、项目开始时间和结束时间、规划范围以及调查方法等。

② 场区气象、水文、地形地貌、地理交通等情况：场区气象、水文、地形地貌、地理交通等情况是边坡稳定评价重要的基础数据。例如，在环境方面，需要对场区降雨量、地下水位、强度及风速等气象资料进行调查；在地形方面，需要对场区地形高程、坡度以及诸多山体类型和构造形态等进行详细的调查。

③ 场区工程地质、水文地质情况及不良地质现象：该部分应该包括综合描

述煤矿所在区域的自然地理、地理环境，宜根据露天开采煤炭既有地质特点来选择一定的治理方法。外部因素影响较大，例如面部起伏地形等附加力与侵蚀成因，需要选用相应方法评估。

④ 露天煤矿情况：露天煤矿情况是针对该煤矿在实施边坡稳定评价方面所涉及的具体情况进行概述。涉及开采方法、采矿规模、矿产资源性质、采前处理的时间等相关信息。

⑤ 边坡地质条件、边坡分区、边坡破坏模式：该部分用于说明边坡地质特征，如岩性、土层、岩层倾向及坡度等，确定稳定控制剖面(或线)位置、开采范围和开采深度，并对可能出现的滑坡类型进行初步分类，建立地质模型、确定滑坡的模式等。

⑥ 岩石、岩体及结构面等物理力学性质：岩石、岩体及结构面等物理力学性质应该是对地质与工程特征进行定量描述，指出本次勘探过程中所发现的对象的基本物理性质参数，为掌握边坡稳定状态提供独立数据。目标是为后续的边坡力学行为和稳定计算提供支撑。

⑦ 边坡稳定计算边界条件、参数选取及分区计算：这部分内容是评价报告中最关键的内容，需要对稳定分析涉及的各种边界条件和参数做出明确要求，并确定技术规格。同时，还需要针对分区分层的稳定计算方法做出具体步骤的说明。

⑧ 边坡稳定评价：边坡稳定评价部分则使用计算结果与实测数据对边坡的稳定性做出综合评估。采用不同计算方法得出稳定性剖面图，例如利用极限平衡计算成果绘制的安全系数等级分布图，通过分析图表形成评价结果，判断是否达到安全储备系数的要求。

⑨ 不良地质现象及边坡工程措施：不良地质现象及边坡工程措施是辅助边坡稳定评价部分，针对可能出现的地质问题及工程措施进行说明。在方案选择考虑约束条件多、差别大或者设计难点较多时需要结合具体要求确定治理方案。

⑩ 结论与建议：结论与建议是对所有数据和分析结果的概括。

⑪ 附图、附表：附图、附表是通过实测数据、模拟计算结果等方式实现对报告的可视化描述，以便更好地了解边坡稳定评价报告中所涉及的内容。

第五节　露天煤矿边坡防治措施设计

一、一般规定

标准 7.1.1 条规定了露天煤矿边坡防治措施设计的核心原则，即露天煤矿边坡防治应采取预防为主、防治结合的原则。这意味着在进行露天煤矿边坡防治时，应首先强调预防措施，以尽可能避免事故的发生和造成损失。同时，还要结合实际情况，根据具体条件和规律，制定科学合理的防治方案，加强管理和监控，以便及时发现和解决问题。

例如，在进行露天煤矿边坡防治时，可以实施以下措施：

① 预防性措施：包括在开采前进行地质勘探和分析，建立完善的灾害监测预警系统，严格执行安全规程，提高职工安全意识等。

② 防治结合措施：包括对边坡进行削帮减重、内排压脚、边坡加固，采用适当的防水排水措施，修筑护坡，设置隔离带等。

标准 7.1.2 条规定："对影响地质环境安全的边坡应采取相应措施，对于不能避让或搬迁的地段应采取根治措施。"以排土场边坡为例，如果边坡出现塌方或滑坡等安全问题，应首先进行现场踏勘、地质调查或测绘，加强钻孔、采样和监测工作，了解边坡结构、物理性质及其变形规律和滑动机制。然后在科学分析和预测的基础上，制定合理的防治方案，包括改善排水排土条件、加固边坡结构、设置隔离带等。

当排土场边坡安全问题严重，无法通过上述常规措施解决时，可以考虑采用根治措施，例如将边坡整体挖除并重建，这样能够最大限度保证排土场边坡的整体稳定性，减少可能产生的不良后果。

标准 7.1.3 条对露天煤矿边坡防治措施宜采用的方式进行了规定：

① 控制合理的边坡角：必须遵循边坡稳定性的要求，在考虑利益的同时，合理掌握边坡角度。边坡角度过大会导致不稳定发生，过小会影响经济效益，所以边坡角度控制在合理范围内尤为关键。

② 优化内排时机：在边坡稳定状态下创造条件，及时地内排压脚，增加边坡。

③ 留置安全煤柱：在露天开采保持边坡工作面稳定的过程中，可以留置一些不开采的煤柱，保留更多的支撑能力，控制边坡变形破坏，提高边坡稳定性。

④ 统筹安排采区：尽可能地合理规划和安排煤矿采区开采过程，使煤田资源得到最佳利用，同时保障生产安全。

⑤ 降低动载荷：提高设备制造工艺水平、改进传动系统，适当加固边坡护坡、路基等重要基础设施，降低动态载荷对边坡稳定性的影响。

⑥ 防治水措施：应建立完善的地下水监测与预报体系，并制定相应的防治措施，如修建截水沟、设置截水井、封堵裂缝等方式，保证边坡走势的稳定。

而针对具体的露天煤矿边坡防治的工程措施，标准 7.1.4 条推荐采用"水的综合治理、坡面防护、支挡和减重压脚工程等方式"，并指出"支挡和减重压脚工程一般有抗滑挡墙工程、抗滑桩支挡工程、锚杆、锚索、上部减重工程、上部减重下部压脚等”。其中支挡、减重压脚工程作为非常有效的防治边坡灾害的方式，在煤炭资源开采中也被广泛应用。在具体实施中，抗滑挡墙工程主要是针对边坡上部，通过选用不同材料、结构形式等方式建造较高的坡面支撑墙，从而增加边坡阻力，减轻滑动可能性。抗滑桩支挡工程是指通过预埋或者钻孔等方式建立深层桩体，将浅部下滑力转移到下方更加稳定的土、岩体上面。锚杆、锚索的功能则是将边坡上部与底部连接起来，以增加整个边坡的稳定性。上部减重工程与下部加固压实，则有助于改善边坡的荷载分布，进一步提高边坡的承载能力。通过有效地应用这些支挡和减重压脚方案，可以有效地控制边坡的灾害损失，让露天煤矿开采过程更为安全。

标准 7.1.5 条还推荐进行边坡植物防护措施，该条的相关内容同建筑工程边坡中的要求大体相同。

二、设计及工程要求

（一）水综合治理

标准 7.2.1 条规定，水综合治理部分应当包括下列内容：

（1）采掘场及排土场边坡地表排水系统设计应按矿区工程地质与水文地质条件、汇水面积、排水路径、截水沟排水能力等因素确定：首先，根据“矿区工程地质与水文地质条件”，需充分了解地下水位和流动性质，并在考虑地表径流量时考虑降水对露天工程安全的影响。进行充分勘探、取样、分析、测试，确保对地形地貌、岩土等有充分的理解和掌握。针对“汇水面积问题”，应详细测量并计算矿区的汇水面积，以便设计出合适的排水系统。排水路径的选择应考虑地形、地质条件以及施工的可行性，确保排水系统能够有效地将地表水排出矿区。

当缺乏必要的流域资料时，中国公路科学研究所总结出的经验公式为当 $F \geqslant 3\ \text{km}^2$ 时：

$$Q=\psi q F^2/3 \tag{4-5-1}$$

当 $F<3\ \text{km}^2$ 时：

$$Q=\psi q F \tag{4-5-2}$$

式中 ψ——径流系数；

q——设计降雨强度，mm/h；

F——汇流面积，km^2。

其中径流系数和汇流面积由边坡所处位置的地形地质条件决定。径流系数为径流量占总降水量的百分比，与地表类型有关。常见地表的径流系数见

表 4-5-1。

表 4-5-1 常见地表的径流系数

地表类型	径流系数
硬质岩石地面	0.70～0.80
软质岩石地面	0.50～0.75
陡坡山地	0.75～0.90
起伏山地	0.60～0.80
起伏草地	0.40～0.65
平缓耕地	0.45～0.60
林地	0.25～0.60
水田	0.70～0.80

以此为基础,设计可行、可持续的排水方案。"排水路径"也十分重要,需确定最佳的排水路径,通常是尽可能快地将地下水、雨水和地表流水从边坡内部引流到安全区域,避免过度积聚导致塌方、泥石流和其他灾害。边坡的排水包括排泄地表水、减渗地表水和疏导地下水三方面。通过地表排水措施,使水尽快排走,可减少地表水渗入边坡岩土体的时间;通过地表防渗措施可减少地表水的入渗量;通过对地下水的疏导,可排出和疏干边坡岩土体内已有的水。实施以上措施可减轻引起滑动的滑体重量,增加边坡岩土体的抗剪强度,达到治理边坡的目的。排除地表水是通过拦截、引导边坡范围外的地表水,使其不致进入滑坡区域;将降落或出露于边坡范围内的雨水或泉水尽快排除,使其不致渗入滑坡体。

最后就是要考虑截水、排水能力等问题,确保排水沟、排水管等排水设施能够满足预测的大规模降雨或洪水条件下的情况。对一些特殊情况,如突然倾盆暴雨,排水系统也需要具备一定的应对措施,例如在山体前缘设置自动排放、自动监控等泵站。截水沟布置应尽量顺直,并垂直径流方向。每条截水沟断面尺寸按照沟间汇流面积和汇流量计算确定。因用于拦水,一般纵坡较小。排水沟顺坡向布设,主要用来快速排水,坡度一般较大。在具体布置地表排水沟时,应根据边坡区域的地形、地貌特征,充分利用自然沟谷,通过在滑坡体内外修建截水沟、排水沟,形成能够快速排水的网络。布置时除了考虑地形条件外,还应考虑地质条件,使排水沟坐落于变形量较小的基础之上。边坡或滑坡的排水沟网一般由集水沟和排水沟组成。集水沟横贯边坡坡面或马道平台上,用以汇集降水和坡面渗水,排水沟与集水沟相接,形成纵横交错的排水系统。排水沟断面尺寸除了要考虑边坡范围外汇流面积的流量和坡面本身的径流量外，还要计入坡体内的渗出水量，尤其是当渗流量较大时。

（2）采掘场边坡地下水排水设计宜采用自流排水、集中排水、井巷排水和联合排水等方式。

① 自流排水：指的是利用边坡本身的坡度，在满足一定梯度的条件下引导地下水向低点自流排出。这种方法相对简单、经济，适用于地下水来源比较单一且地下水位较浅的情况。例如，当存在一条小溪沿着边坡流过时，就可以将边坡设计成与小溪平行的沟槽，并在进口处设置防渗板，使地下水顺着溪流自然汇聚和被引流掉，同样也可通过临时措施在上坡面预开缝槽以增加排水量。

② 集中排水：指在采场多个区域设立管道或渠道，将地下水收集到同一处，然后再将其排走。这种方法适用于地下水不稳定或者地下水位较深、面积较大的情况。例如，在采场边坡周围暴雨过后，地下水位有可能上升到临界点附近，如果采用自流排水方式很难保证全部的地下水都被排掉，此时就需要考虑集中排水。

③ 井巷排水：指在露天煤矿边坡内部设置井巷以及其他钻洞、隧道等，通过泵站或重力作用对引流出来的地下水进行收集和排水。这种方法适用于地下水比较多或者地形复杂、变化多端的情况。例如，当地下水源头分布非常分散时，需要施工横向的井巷，将斜孔与井巷相连，实现对分散水源的有效收集。

④ 联合排水：指通过组合以上几种方式，达到最佳的地下水排水效果。例如神山绿化盲巷铁路边坡则结合自流排水、井巷排水和降雨排水等多种方式。

值得一提的是，采用这些地下水排水方法的其中一种或者组合应根据不同边坡实际情况确定，例如土层结构、岩石属性、地形特点、降雨季节等因素。正确的地下水排水可以有效保证露天煤矿边坡的安全稳定，并提高采煤效率。

（3）采掘场地表排水设计应符合下列规定：

① 采掘场排水方式应与采矿工艺相结合：意思就是在确定地表排水系统时，需要结合采煤工艺中的探矿、爆破、挖掘等过程进行综合考虑。这样可以使得排水系统更加符合实际情况，同时也可以减少各种因素对采矿和排水带来的不良影响。例如，如果在钻探勘探的过程中发现下方岩体含有大量可溶性盐类，则排水方案中应该预留充足的泵站和管道容量，以便及时处理泥浆中含盐水分，并在设备选型过程中充分考虑可溶性盐类的腐蚀性。

② 采掘场封闭圈以上宜采用截水沟自流排水方式：意思是指在采矿圈之外的地方设立截水沟，将圈外的雨水引导到排水沟并自然排出。当然，也可能需要通过泵站等设备来排出积水。这种方式适用于自然条件较好、地表水位不太高且采掘区周围有相对低洼处的情况。例如，如果在某一地方进行露天开采

时,因积水问题导致了采矿和生产受到了很大影响,就可以通过挖掘截水沟和设立排水斗等方式来解决这个问题,使得水流能够更加顺畅地外排。

正确的地表排水设计可以有效保证采矿场的安全稳定,同时也利于节约资源、提高生产效率,因此需要结合现实情况和具体条件进行设计和安排。

(4) 潜在滑坡区后缘应设置截水沟,对后缘裂缝应采取遮盖或堵塞措施:

① 设置截水沟:为了减少地表水和降雨水对煤矿边坡稳定性带来的影响,我们需要在潜在滑坡区后缘设置截水沟。截水沟是为拦截上游汇水而在露天煤矿设置的水沟,通常采用浆砌片石、浆砌块石、水泥混凝土预制块的形式,也可以是土沟,将地表排水引导到相应的地点,减少对岩体的渗透和稳定性的影响。例如,在某一矿区的边坡上,由于雨季频繁及地势原因,使得地表水及雨水大量积聚在坡顶及其周围地面,这时可以通过开挖截水沟等方式,避免水流对边坡产生过大冲击。

② 处理后缘裂缝:潜在滑坡区后缘的岩体往往存在一些裂缝,如果不加以处理就可能成为岩体破坏的隐患。因此,我们需要采取合适的措施对这些裂缝进行处理。常见的方法包括用防水材料进行遮盖、注浆填补等方式,以减少岩体内部的积水,从而降低岩体脆性断裂的风险,并在施工过程中及时监测裂缝的变化情况,做到有效预防和及时修复。

(5) 对于山坡排土场,宜采用暗涵、盲沟等工程措施:该条文指出,在露天矿边坡设计中,如果需要在山坡处进行排弃物排放,我们需要采取一些工程措施以确保排放不对环境造成污染,且不会对边坡稳定性产生不良影响。具体而言,需要采用暗涵、盲沟等工程措施将山坡上的雨水和灌溉水引导到合适的地方。

① 暗涵:暗涵是一种可转移渠道,由管道或井筒等结构构成,用于排水和输送材料。在山坡上挖掘暗涵可以在减少表面积情况下,达到让排弃物顺畅流动的目的,避免因排土而导致降雨造成大量水流冲刷松散岩石和土壤,从而埋下滑坡和泥石流等安全隐患。一般来说,对于较长、较宽的山坡地区,能够采用暗涵的工程措施就尽可能选择。

② 盲沟:盲沟是一个开口较小、梯形降幅较大的措施,用于收集并排除排土场的雨水及灌溉水。在黄土高原地区常常采用盲沟的方式进行山坡排土场设计,在山坡的较高处开挖出一条长而宽的流水沟,沟顶要设立水平的横向跨沟台,沟口处设置渠门转移口到规定地点。

以上两种措施都可以在不改变原有地形和生态条件的情况下,有效地处理排土场的雨水及灌溉水,并将其引导至安全位置。在实际工程中,还需要按照具体场地和环境考虑是否需要以盲沟和暗涵等形式系统化构建泄水系统,并配合其他相关工程措施，比如注浆加固、加装支护材料等来保证减少不必要的危险，并提高整体效率。

(6) 支挡结构应设置泄水孔：该条文指出，在露天煤矿边坡的支挡结构设计中，应当考虑结构内部的积水问题，并设置一些泄水孔来排除内部积水。这样可以有效地防止支挡结构因为内部积水而导致不稳定，进而产生滑坡等风险。例如，在某座露天矿边坡的支挡结构设计中，采用了预制桩墙进行支护。但是，在工程实施过程中，如果没有考虑到内部积水的问题，可能会造成预制桩墙内部积水，导致其结构产生变形，从而削弱其抗震、抗倾覆和稳定性能。因此，为了有效地避免这种情况的发生，需要在预制桩墙的一定位置(如低点)设置泄水孔，将积水排出来，保证结构内部不会积聚过多的水分。

(7) 边坡体疏排水孔应深入潜在滑裂面以下：具体来说，该条文提出的建议是，边坡体疏排水孔不仅要设置在边坡体的整个高度范围内，而且需要深入土体的潜在滑裂面以下。这个潜在滑裂面可能是已知的或者未知的，而这也是该建议所强调的重点之一。在实际工程中，开设边坡体疏排水孔应该结合边坡的实际情况进行，孔洞的位置、大小与数量需要根据边坡的水文地质条件、岩层构造及断裂带等特征而定。通常，这些孔洞需要深入边坡体内部一定深度才能将边坡体内的水排出来，进而预防一些潜在的水土滑移问题发生。

(二) 削坡减重

标准 7.2.2 条规定了削坡减重措施需要符合的相关规定：

(1) 削坡减重应结合采矿设计进行，并应满足边坡稳定性要求：露天煤矿边坡是工程活动过程中形成的台阶、平盘组合。在采矿过程中，边坡特别容易受到地质变化和力学作用的影响，导致坡面失稳。因此，在采矿设计中需要考虑边坡的稳定性问题，并采取适当的措施来保证边坡的安全性。其中一种较常见的措施就是削坡减重。这种技术的基本原理是通过人为干预坡面形态来减少边坡整体角度，以降低边坡整体重量，从而提高边坡的稳定性。

在实践中，削坡减重必须与采矿设计相结合进行。采矿设计考虑较全面，包括选址、总体规划、开采方式、采区年产煤量、回采率、采区煤层厚度等一系列因素。削坡减重的实施过程必须遵循设计方案和技术标准，确保符合边坡安全和稳定性要求。

(2) 削坡应分台阶确定，并应提出控制爆破施工工艺要求：削坡处理通常采取的方法就是将坡面划分成若干个大小不同的平台，然后根据平台间的坡度等因素来确定每一个平台的高度，这样可以保证平台之间的高差较小，且斜坡稳定性得到一定的保障。此外，提出控制爆破施工工艺要求也是非常重要的。针对具体的露天煤矿边坡工程项目,应该进行详细的技术规划和方案编制。在技术规划中,需要详细说明削坡过程中使用的爆破器材、药量以及爆炸的位置、时间等相关参数。这些参数不能随意变动,必须遵循科学、合理的原则,从而保证削坡过程的安全和有效。

(3) 削坡减重、反压坡脚或其他边坡治理方式宜联合采用:在露天煤矿边坡的治理和维护中,往往需要采取一系列措施来提高边坡的整体稳定性和安全性。在制定具体治理方案时,需要充分考虑到边坡的地质条件、水文条件、工程参数和自然因素,并提出合适的工艺要求和施工参数,以保证治理效果的可靠和持久。例如,在某露天煤矿边坡的深层部分发现较大的岩石滑动体,需要结合削坡减重和反压坡脚措施进行治理,并在施工中加强监测和调整,确保最终达到稳定性要求。

(三) 抗滑桩

标准 7.2.3 条针对抗滑桩措施的应用做出了如下规定:

(1) 抗滑桩宜布置于滑坡体厚度较薄、推力较小,且锚固段地基强度较高的地段。其平面布置、桩间距、桩长和截面尺寸等应经技术经济比较确定。采用抗滑桩对滑坡分段阻滑时,每段宜以单排布置为主,若弯矩过大,应采用预应力锚拉桩。在露天煤矿边坡治理中,抗滑桩是一种有效的边坡增强措施。它的基本原理是通过桩杆与岩土体间的摩阻力和土体的侧向支撑力,提高整个边坡的抗滑性能。而抗滑桩的布置需要根据实际情况确定。由于抗滑桩的作用是改变滑坡体的受力特征,因此应考虑滑坡体的厚度、推力大小、锚固段地基强度等因素,确定桩的平面布置和长度等参数。例如,在某露天煤矿的深层边坡中发现有一个深层滑坡体,如果该滑坡体的厚度较薄,推力也比较小,而且锚固段地基强度较高,则可以采用抗滑桩进行处理。同时,每段宜以单排布置为主,避免过于密集,导致相互干扰或成本过高。另外,在滑坡分段阻滑时,若出现一定弯矩,可适当采用预应力锚拉桩。这种桩可以通过预埋钢筋或钢缆进行预应力张拉,提高桩杆的拉力,并增强边坡整体的稳定性。综上所述,在露天煤矿边坡抗滑处理中,抗滑桩的布置和参数应根据具体情况确定,同时需要注意滑坡分段后的单排布置和预应力锚拉桩等技术要点,以达到对边坡的加固和抗滑效果。

(2) 抗滑桩设计应符合下列规定:

① 应提高滑坡体的稳定系数,达到规定的安全值:该条文是各类边坡防治措施设计共同的出发点和落脚点。

② 抗滑桩所受推力可根据滑坡的物质结构和变形滑移特性,分别按三角形、矩形或梯形分布考虑:在抗滑桩的布置设计过程中,需要充分考虑滑坡体

的物质结构和力学特性，并确定每根桩杆承受的实际推力大小和方向，以保证抗滑桩能够起到最佳的加固效果。通常情况下，滑坡所受的推力会因地质、地形、水文、工程等多种因素而发生变化，导致其推力分布呈不规则形状。针对这种情况，可以根据滑坡的物质结构和变形滑移特性，将抗滑桩所受推力按照三角形、矩形或梯形进行分布考虑，使之能够更好地适应推力的不同分布情况。

例如，在某露天煤矿边坡的抗滑桩设计过程中，如果该地区存在裂缝、裂隙等特殊地质结构，导致推力分布不均匀，可以采用三角形分布的抗滑桩设计方案。而在另一处边坡中，如果滑动面的宽度较大且稳定系数较低，可以采用梯形或矩形分布的抗滑桩加固方案。

③ 抗滑桩设计荷载应包括滑坡体重、渗透压力、地震力。对于抗滑桩设计，荷载是非常关键的因素，包括了以下三个方面：

a. 滑坡体重：土或岩石本身就会受到各种重力的影响，其中之一即为滑坡体重，是深入地层根据地质资料测算所得的侧向偏差力的结果。如果一个滑坡体的体积越大，则它所承受的重力就越大。

b. 渗透压力：存在地下水时，由于水分子相互之间的摩擦和力的作用，在土体颗粒间形成润湿作用，使整个土层得以黏合在一起。地下水会增加土层内的渗透压力，如果不及时处理，渗透压力可能导致滑坡或塌方等。

c. 地震力：地震是自然灾害中的一种严重情况，当地震或其他振动因素对边坡产生有效作用时，边坡所承受的水平力将大大增加。

④ 抗滑桩推力应按滑坡滑动面类型选用相应的推力计算公式：参考标准5.2.7条有关规定（即本书表4-4-1所列出的滑弧面建议）确定相关计算公式。例如，在选定圆弧滑动面的情况下，抗滑桩需要承受水平向内的压力，此时应选用相关的计算公式进行推力设计。

⑤ 抗滑桩受荷段桩身内力应根据滑坡推力和阻力计算：在露天煤矿边坡中采用抗滑桩来防止滑坡时，需要计算抗滑桩所承担的内力。这个内力的计算要考虑到两个方面，一个是滑坡推力，即导致边坡滑动的力；另一个则是阻滑力，即抗滑桩所能提供的抵御滑动的力。具体来说，假如某露天煤矿边坡由于土层不稳定、坡度过陡等原因造成了滑坡的风险，可以采用抗滑桩来提高阻滑力。在抗滑桩设计过程中，需要计算抗滑桩的内力，确定抗滑桩的承载能力。这个内力的大小与滑坡推力和阻力有关。滑坡推力越大，就需要更强大的抗滑桩来承载内力；而抗滑桩所能提供的阻力越大，则可以更有效地遏制滑坡的发生。

⑥ 抗滑桩锚固段桩底端距离边坡有效长度不应小于嵌固段深度：当在边坡

中使用抗滑桩以增强边坡的稳定性时，需要确保该桩底端与边坡之间的距离不小于连接其他材料的深度，以充分锚固抗滑桩并避免其滑动。例如，如果嵌固段的深度为 10 m，则抗滑桩的底部应至少保持与边坡之间的距离为 10 m，以确保足够的桩体连接使其保持在位置上并防止其移动。这样可以保证边坡系统的稳定性并降低可能的灾害风险。

⑦ 当滑坡推力较大时，宜采用大截面矩形方桩和预应力锚拉桩：当露天煤矿边坡处于滑坡推力较大等条件下，则有必要采用尺寸更大的截面矩形方桩和预应力锚拉桩来加强边坡的稳定性。因为这些抗滑桩可以提供更多的支撑和承载，并且在受到地面运动影响时仍能保持桩体在原地，从而避免边坡减少、移动或崩塌等不稳定情况。例如，大截面矩形方桩和预应力锚拉桩可通过将钢束或钢绞线牢固地锚固在岩石或土层深处来增强其牢固度和抵抗滑动的能力，以保证整个边坡系统的稳定性。

（3）针对锚拉抗滑桩本标准也做出了如下规定：

① 锚索与水平面的下俯倾角宜采用 20°～30°：这个角度的限制是为了保证在地质条件复杂多变的煤矿场地中，抗滑桩能够更好地发挥其支撑和稳定作用，从而确保矿山生产的高效安全。假如一座露天煤矿边坡设计了一排锚拉抗滑桩，但是其锚索与水平面的下俯倾角超过了 30°，那么在使用过程中就有可能出现抗滑桩承载不足、失稳等问题，对生产造成影响甚至危害。

② 锚索锚固段应置于滑动面（带）以下稳定地层：在稳定的地层下方安置锚索锚固段，这样可以确保锚固段在地面上稳定，避免因滑动、移动或沉降等问题导致钢索断裂。如果在不稳定的岩层上放置锚固段的话，那么就可能出现地层变形，导致抗滑桩的稳定性受到威胁。相反，如果选择将锚索锚固段放置在稳定的岩层下方，则锚索就能得到更好的支撑，并且能够更好地确保边坡的稳定性。

③ 锚索锚固力及最佳锚固深度应通过现场拉拔试验确定：由于锚索的锚固力及其最佳锚固深度一般无法通过推测或计算准确得出，因此需在现场进行拉拔试验以确定。拉拔试验需要先按一定间距布置试验点，在试验点上开孔、注浆，才能进行锚杆与岩土的紧密结合，形成整体的支护体系。然后，以一定规格的设备进行拉拔试验，并在试验过程中不断调节拉拔力度，从而确定出最佳的锚固深度和锚索的锚固力。

④ 抗滑桩纵向钢筋及箍筋应根据弯矩图和剪力图分段确定，配筋计算及构造要求应符合现行国家标准《混凝土结构设计标准》（GB/T 50010）的有关规定：这意味着需要根据结构荷载、强度等因素考虑抗滑桩的截面尺寸、数量、间距等问题，并同时考虑施工工艺、材料选用等方面的要求。例如，对于较高的边坡，

需要加强抗滑桩的配筋，以确保其抵御地下水力作用下的侧滑稳定性。

锚杆与抗滑桩联合使用，构成抗滑桩式锚杆挡墙，见图 4-5-1。桩按施工方法可分为钻孔桩或挖孔桩，锚杆（索）按是否施加预应力可分为预应力锚杆（索）或非预应力锚杆（索）。锚杆（索）的数量根据边坡的高度及推力的大小确定，可采用桩顶单排锚杆（索）或多排锚杆（索）。

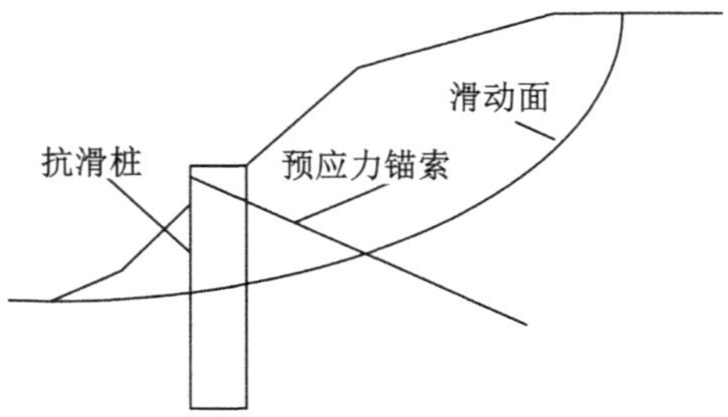

图 4-5-1　抗滑桩式锚杆挡墙

（四）锚杆（索）支护

锚杆（索）支护作为边坡支护的常用手段，在露天煤矿边坡治理中也常得到应用。标准 7.2.4 条详细规定了采用锚杆（索）支护时，所应符合的规定：

(1) 锚杆（索）使用年限不应低于边坡服务年限，其防腐等级也应达到相应要求：锚杆（索）的使用年限必须不低于边坡服务年限，确保锚杆（索）的耐久性能够随地质环境改变而变化。另外，锚杆（索）还需要具备良好的防腐能力，以承受边坡作业中极端恶劣的环境条件，例如强酸、强碱及高湿度等。因此，锚杆（索）的防腐等级也应符合相应的要求。

举例来说，在面对含有硫酸盐等化学物质的煤矿边坡时，镀锌钢丝绳容易产生腐蚀，这可能导致安全事故并降低锚杆（索）的使用年限。因此，我们需要根据不同的露天煤矿边坡环境要求选用防腐性能较好的锚杆（索）。

(2) 当采掘场边坡变形控制要求较高或边坡靠帮后，其稳定性较差时宜采用预应力锚杆（索）加固补强：预应力锚杆（索）是一种常见的加固手段，可以在边坡表面或边坡体内施工而不会破坏周围环境，增强钢筋混凝土结构的抗拉能力，从而改善边坡及开采平台的稳定性。预应力锚杆（索）可以将锚固力通过锚杆（索）体传递到深层岩土中，以达到维持露天矿山边坡稳定的目标。因此，尽管预应力锚杆（索）加固通常费用较高，但是将其应用于复杂的边坡加固方案中确实会取得快捷、立竿见影的效果。

(3) 采用锚杆（索）加固边坡时，应进行锚杆（索）基本试验：在采用锚杆（索）进行加固时，应先进行锚杆（索）基本试验以确定其受力性能和使用寿命。通常的试验包括拉伸试验、弯曲试验和腐蚀试验等。例如，拉伸试验可以测定锚杆

(索)所能承受的最大拉力和断裂强度,弯曲试验可以测试其在复杂应力下的承载能力,而腐蚀试验则可以评估锚杆(索)在潮湿环境下的耐久性。通过对锚杆(索)进行基本试验并确认其具备一定的受力性能后,方可进行边坡加固工作,从而确保相应的安全效果。

(4) 锚杆(索)的形式应根据锚固段岩土层类型、工程特性、锚杆(索)承载力、锚杆(索)材料和长度、施工工艺等因素确定:

① 锚固段岩土层类型:不同的岩土层类型具有不同的物理、力学性质,需要根据实际情况选用适合的形式。

② 工程特性:工程的性质和要求也会影响锚杆(索)的设计与施工。例如,承重要求高的露天煤矿边坡需要应用更可靠的锚杆(索)形式来确保安全。

③ 锚杆(索)承载力:锚杆(索)的长度和材料都会影响其承载能力,需要根据实际需求和条件选择合适的形式。

④ 施工工艺:不同的锚杆(索)形式可能需要采用不同的施工工艺,在此前提下,也需要进行合适的选择。

在露天煤矿边坡锚固中,可以选择多股锚索或自进式锚杆等形式,以确保其承载能力和耐久性。同时,需要根据煤矿边坡地质条件和所需的工程特性选择最优方案,从而确保工程的安全可靠。

锚杆挡墙按结构形式可分为板肋式、格构式、排桩式。

对于板肋式锚杆挡墙,见图 4-5-2,作用于肋柱上的侧向压力由锚杆承受,锚杆为轴心受拉构件,单根锚杆所受的轴向拉力按下式计算:

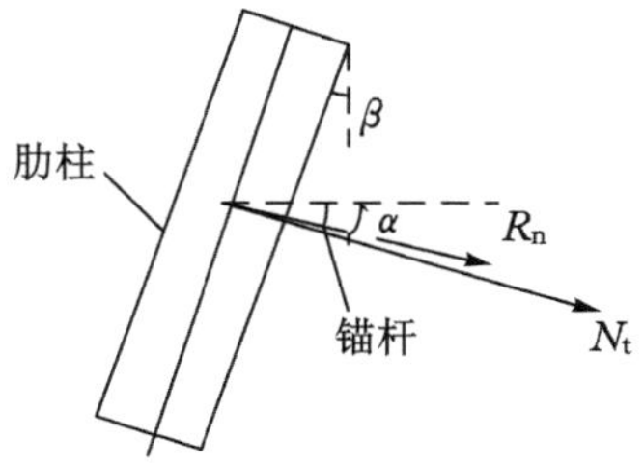

图 4-5-2 板肋式锚杆受力图

$$N_t=\frac{R_n}{\cos(\alpha-\beta)} \tag{4-5-3}$$

式中 N_t——锚杆轴向拉力,kN;

R_n——由肋柱内力计算求得的支点反力,方向垂直于肋柱,kN;

α——锚杆与水平面的夹角,(°);

β——肋柱的竖直倾角,(°)。

锚杆挡墙中的锚杆长度计算与上一节锚杆(索)相同。

(5) 锚杆(索)设计中各类参数的确定所用的相关公式。

① 锚杆(索)的轴向拉力标准值 N_{ak} 和设计值 N_a 可按下列公式计算：

$$N_{ak}=\frac{N_{tk}}{\cos\alpha} \tag{4-5-4}$$

$$N_a=r_Q N_{ak} \tag{4-5-5}$$

式中 N_{ak}——锚杆(索)轴向拉力标准值,kN；

N_{tk}——锚杆(索)水平拉力标准值,kN；

α——锚杆(索)倾角,(°)；

N_a——锚杆(索)轴向拉力设计值,kN；

r_Q——荷载分项系数,可取 1.30。

锚杆(索)轴向拉力标准值 N_{ak} 指的是锚杆(索)在特定条件下的最小强度要求,它是铆接端连接强度的保证值。而锚杆(索)轴向拉力设计值 N_a 则是指在具体的工程设计中计算得到的锚杆(索)轴向拉力值,可以通过各种方法得出,比如基于岩层力学参数和地质条件的分析、数值模拟等。

在实际应用中,设计值 N_a 会略大于标准值 N_{ak},以确保锚杆(索)的抗拉性能能够达到要求。此外,在露天煤矿边坡的加固设计中,还需要考虑多种因素,如岩体的强度、稳定性分析等,以评估锚杆(索)在边坡上的具体应用效果。

② 锚杆(索)钢筋截面面积、钢绞线截面面积的计算公式如下：

普通钢筋锚杆：

$$A_s \geqslant \frac{K_b N_{ak}}{f_y} \tag{4-5-6}$$

预应力锚索：

$$A_s \geqslant \frac{K_b N_{ak}}{f_{py}} \tag{4-5-7}$$

式中 A_s——锚杆钢筋或预应力钢绞线截面面积,m^2；

K_b——锚杆(索)抗拉安全系数,按表 4-5-2 取值；

f_y、f_{py}——钢筋或预应力钢绞线抗拉强度设计值,kPa。

表 4-5-2　锚杆(索)抗拉安全系数

采掘场边坡工程安全等级	安全系数	
	临时性锚杆(索)	永久性锚杆(索)
一级	1.8	2.2
二级	1.6	2.0
三级	1.4	1.8

采掘场边坡工程安全等级可在表 4-5-2 中查询。

临时性锚杆(索)通常是指在露天矿边坡中临时施工的、用于支护和加固矿山边坡的水泥浆锚杆(索)。与之相对的,永久性锚杆(索)则是指已经固定在矿山边坡中、不再需要移动和更换的钢筋混凝土锚杆(索)。在矿山边坡的稳定分析中,为了保证边坡的安全性,需要对锚杆(索)的抗拉强度进行计算。这里的抗拉安全系数 K_b 是指锚杆(索)的最大承载力与其设计拉力的比值。一般来说,抗拉安全系数 K_b 越高,锚杆(索)的质量就越可靠,对边坡的支护和加固也就更有效。

因为临时性锚杆(索)需要在短时间内快速搭建,所以临时性锚杆(索)通常存在以下问题:

a. 材料质量难以得到保障;

b. 施工过程中可能存在质量控制和监管的缺陷;

c. 可能会在设计和使用过程中出现各种预料不到的问题,如锚杆(索)受损、变形、掉落等。

相比之下,永久性锚杆(索)则经过严格的质量检验和试验,质量更高,因此其抗拉安全系数 K_b 通常会比临时性锚杆(索)高一些。

此外,由于在露天煤矿中采掘场与排土场是相对的两个地形区域。在采煤过程中,采掘场是通过采掘煤炭而形成的,其边坡稳定性问题自然会随着开采的深入而逐渐加剧。因此,在设计采掘场边坡锚杆(索)钢筋、钢绞线时需要考虑到其本身容许的安全系数,并对其安全等级进行评估。而对于排土场边坡来说,由于其处于松散剥离物上,所承受压力以及与外界环境因素的影响有所不同,故其安全等级也不能简单地与采掘场边坡画等号。这也是为什么在确定锚杆(索)抗拉安全系数时仅参考了采掘场边坡工程安全等级。

③ 锚杆(索)锚固体与岩层间的锚固长度应满足下式要求:

$$L_a \geqslant \frac{KN_{ak}}{\pi D f_{rbk}} \tag{4-5-8}$$

式中 L_a——锚杆(索)锚固段长度,m,尚应符合现行国家标准《建筑边坡工程技术规范》(GB 50330)的有关规定;

K——锚杆(索)锚固体抗拔安全系数,应按表 4-5-3 取值;

D——锚杆(索)锚固段钻孔直径,m;

f_{rbk}——岩土体与锚固体极限黏结强度标准值,kPa,应通过试验确定,当无试验资料时,应按现行国家标准《建筑边坡工程技术规范》(GB 50330)取值。

表 4-5-3　锚杆(索)锚固体抗拔安全系数

采掘场边坡工程安全等级	安全系数	
	临时性锚杆(索)	永久性锚杆(索)
一级	1.8	2.6
二级	1.6	2.4
三级	1.4	2.2

对比表 4-5-2、表 4-5-3 可以发现,在相同的采掘场边坡工程安全等级下,临时性锚杆(索)的抗拉安全系数与锚固体抗拔安全系数相同,但永久性锚杆(索)的抗拉安全系数明显低于锚固体抗拔安全系数。这是因为在露天煤矿边坡工程中,临时性锚杆(索)的主要作用是在边坡施工过程中提供支撑和稳定,一旦采掘完成,这些锚杆(索)就会被移除。因此,在设计时,通常会选择与锚固体抗拔安全系数相同的抗拉安全系数,以确保临时性锚杆(索)能够承受预期的荷载,并保证边坡的稳定性。而永久性锚杆(索)则需要在边坡使用寿命内持续承受荷载,因此其耐久性和可靠性要求更高。与锚固体相比,永久性锚杆(索)需要经历更长时间的腐蚀、疲劳和变形等影响,这可能会导致其抗拉能力下降。此外,永久性锚杆(索)还需要考虑锚杆(索)与岩土的界面效应,以及锚杆(索)周围的固结压力等因素,这些都会影响其抗拉性能。

④ 标准中还对锚杆(索)杆体与锚固砂浆间的锚固长度提出了要求:

$$L_a \geqslant \frac{KN_{ak}}{n\pi d f_b} \tag{4-5-9}$$

式中　L_a——锚筋与砂浆间的锚固长度,m;

d——锚筋直径,m;

n——杆体(钢筋、钢绞线)根数,根;

f_b——钢筋与锚固砂浆间黏结强度设计值,kPa,应通过试验确定,当无试验资料时,参考相关规范取值。

关于如何区别锚杆(索)锚固体与岩层间的锚固长度与锚杆(索)杆体与锚固砂浆间的锚固长度,可以从以下角度理解:

a. 锚杆(索)锚固体与岩层间的锚固长度:该长度旨在确保锚杆(索)在固定岩层时提供足够的抗拉强度和剪切强度。该长度必须考虑到岩层的性质和特点,以及地质条件和稳定性因素,例如岩石的强度指标、节理和裂隙发育情况、地下水情况、山体形态等。举个例子,在一个存在含水裂隙和大量脉状构造且应力高的压陷区域,为确保岩层的充分固结和支撑,锚杆(索)要求在注水裂隙周围的位置进行加密布设,并且需要增加锚杆(索)锚固体与岩层间的锚固长度，以防止锚杆(索)在承受剪切力时断裂或滑动。

b. 锚杆(索)杆体与锚固砂浆间的锚固长度：该长度是针对锚杆(索)的杆体与砂浆之间的黏结情况，旨在确保锚固效果和稳定性。该长度通常取决于砂浆的质量、异常引伸性、深度等因素。

这两者之间的区别在于其实际固定的地方不同。岩层与锚固体之间的长度，决定了锚杆在岩层内部的钻孔深度以及使用的锚具类型，同时也会影响到锚体和岩石之间的摩擦力和静态摩擦角度。而锚杆杆体与锚固砂浆之间的长度，则决定着锚杆可以承受的拉力大小，并且与砂浆的抗拉强度息息相关。例如，如果岩层比较硬，需要考虑到钻孔时的易损性，因此应该尽可能减少锚固杆体与锚固砂浆之间的长度。

(6) 锚索预应力锁定值应根据地层条件及支护结构变形要求确定，宜取轴向受拉承载力设计值的50%～65%：该条文建议在确定锚索预应力锁定值时，宜取轴向受拉承载力设计值的50%～65%。这是因为锚索预应力锁定值太低会使支护效果不佳，锁定值太高则会导致浪费材料和资源。因此，根据地层状况、支护结构变形限制等情况综合考虑，选取适当的锁定值是关键。

(7) 锚杆注浆应采用高压注浆，注浆材料应为C30纯水泥浆或M30水泥砂浆：本条文意在指出具体的操作规范，目的在于加强露天煤矿边坡的稳定性。锚杆注浆是一种被广泛应用于岩土工程中的加固支护方法，它适用于需要加强岩土层面结构的场合。高压注浆能够提供更大的注入压力，使得浆料可侵入较小的空隙，并且可以快速凝固，从而加固露天煤矿边坡。C30纯水泥浆或M30水泥砂浆则是具有良好黏附性和耐化学性的注浆材料，易于灌注至较深的孔洞中。例如，假设露天煤矿边坡上有一个缝隙，采用锚杆注浆的方法对其进行补强，那么使用高压注浆可以将注浆材料注入仅有数毫米的缝隙中，最终封堵该处漏洞。同时，使用C30纯水泥浆或M30水泥砂浆可以确保注入的浆料在较短时间内达到所需硬度，从而加强煤矿边坡的结构稳定性，确保安全生产。

(8) 锚杆内锚固段可采用拉力集中型、拉力分散型、压力分散型，外锚固端可采用墩台式、肋柱式、框架梁形式：该条文规定了露天煤矿边坡锚杆内外部固定结构类型。

内部的锚杆可以采用三种不同的设计，包括拉力集中型、拉力分散型和压力分散型。拉力集中型指的是，在锚杆末端，所有拉力都集中在一点；而拉力分散型是将锚杆拉力分散到锚固段的整个长度上；压力分散型则是通过加固减小锚杆钢筋的应变量，使杆体与岩石均匀接触以增加摩擦力。

对于外部的锚杆固定端，可以采用三种形式：包括墩台式、肋柱式和框架梁形式。墩台式锚固端基于预制锚固墩和凭借支撑锚杆从墩处吊装；肋柱式锚固端是一种根据岩石性质设立的塑性钢支撑结构形式；最后，框架梁形式采用焊接钢梁和钢板来构建一个类似于梁式结构的系统。

（9）锚杆原材料性能、构造设计及防腐处理应符合现行国家标准《建筑边坡工程技术规范》（GB 50330）的有关规定：锚杆是用于加固边坡的金属材料，在施工过程中会先预埋，然后通过加压钻孔注浆、张拉固化等方式来加固边坡。而现行国家标准 GB 50330 对锚杆的原材料性能、构造设计以及防腐处理都有严格的规定，旨在确保锚杆的质量和安全性，从而保障露天煤矿边坡的稳定和安全。

参考文献

[1]《工程地质手册》编委会. 工程地质手册[M]. 5版. 北京:中国建筑工业出版社,2018.

[2] 曹贺. 露天矿山开采技术进展及发展趋势研究[J]. 世界有色金属,2020(24):58-59.

[3] 曹子君,周强,李典庆. 边坡稳定确定性设计与可靠度设计的安全判据等价性充分条件[J]. 岩土工程学报,2023,45(8):1703-1712.

[4] 程林. 高陡边坡在线监测系统在南泥湖露天钼矿中的应用[J]. 黄金科学技术,2024,32(2):366-376.

[5] 党伟华. 采用抗滑桩的边坡加固优化设计[J]. 工程抗震与加固改造,2023,45(2):136-141.

[6] 邓志平,牛景太,潘敏,等. 考虑地层变异性和土体参数空间变异性的边坡可靠度全概率设计方法[J]. 岩土工程学报,2019,41(6):1083-1090.

[7] 古鹏. 基于S-SAR边坡雷达的超高海拔露天矿山边坡监测技术研究[J]. 矿产勘查,2024,15(增刊1):149-153.

[8] 郭兵兵,孙文标,陈国祥. 露天矿边坡工程地质勘察[J]. 煤炭技术,2011,30(6):161-163.

[9] 郭子钰,刘向峰,王来贵,等. 抚顺西露天矿开挖作用下边坡变形破坏滑动规律研究[J]. 金属矿山,2021(12):190-199.

[10] 贺黎明. 高精度GPS变形监测数据处理与分析方法研究[D]. 沈阳:东北大学,2008.

[11] 胡金政,张洁,黄宏伟,等. 边坡勘察钻孔信息价值评价及优化布置方法[J]. 地球科学,2023,48(5):1977-1988.

[12] 李安洪,周德培,冯君. 顺层岩质路堑边坡破坏模式及设计对策[J]. 岩石力学与工程学报,2009,28(增刊1):2915-2921.

[13] 李浩. 综合监测手段对露天高陡边坡局部垮塌的分析研究[J]. 矿产勘查,2024,15(增刊1):1-7.

[14] 李洪明. 3S技术在抚顺西露天矿滑坡监测中的应用[D]. 长春:吉林大学,2019.

[15] 李学渊. 基于RS/GIS的矿山地质环境动态监测与评价信息系统[D]. 北

京：中国矿业大学(北京)，2015.
[16] 刘衡秋，刘海生，唐世雄，等. 摩崖造像复杂地质边坡综合勘察技术运用[J]. 工程勘察，2015，43(4)：26-31.
[17] 马婧佳，王勇，黄浩轩，等. 宝日希勒露天煤矿南帮边坡靠帮开采方案[J]. 煤矿安全，2021，52(11)：240-244.
[18] 马可，王勇. 露天矿采掘场边坡勘察分析[J]. 露天采矿技术，2015，30(8)：34-37.
[19] 邱恩喜，谢强，赵文，等. 基于岩体质量的红层软岩边坡坡度设计公式研究[J]. 岩土力学，2011，32(2)：542-546.
[20] 宋维琦. 基于无人机和 GIS 技术的边坡可视化与稳定性研究[D]. 北京：北方工业大学，2019.
[21] 苏胜忠. 边坡工程勘察中崩塌落石运动模式及轨迹分析[J]. 工程地质学报，2011，19(4)：577-581.
[22] 王成亮. 基于普通数码影像的近景摄影测量技术研究与应用[D]. 长沙：中南大学，2006.
[23] 王国法，赵国瑞，任怀伟. 智慧煤矿与智能化开采关键核心技术分析[J]. 煤炭学报，2019，44(1)：34-41.
[24] 王涵. 基于高分遥感影像的大变形滑坡位移场监测方法研究[D]. 沈阳：东北大学，2015.
[25] 王利. 地质灾害高精度 GPS 监测关键技术研究[D]. 西安：长安大学，2014.
[26] 王勇，郭子钰，张雷雷. 软岩露天矿 iSlope 系统平台研究[J]. 露天采矿技术，2022，37(3)：48-51.
[27] 王勇，韩洪德，王玉丰，等. 边坡远程监控系统在工程中应用的探讨[J]. 煤炭工程，2007(F10)：93-95.
[28] 王勇，倪松涛，杨发武，等. Monitoring and analysis of dynamic response for open-pit mine with inside inclined shafts under train loading[J]. Metals，2021，2021(11，1681)：1-16.
[29] 王勇. 黑岱沟露天煤矿储煤场加筋土挡墙设计[J]. 露天采矿技术，2015，30(10)：93-96.
[30] 王忠鑫，辛凤阳，宋波，等. 论露天煤矿智能化建设总体设计[J]. 煤炭科学技术，2022，50(2)：37-46.
[31] 王宗文. 高密度电法在某边坡岩土工程勘察中实测成果分析[J]. 勘察科学技术，2013(4)：55-57.
[32] 温经林，张小军，侯杉山，等. 边坡雷达在临湖露天矿山边坡监测中的应用

[J]. 矿产勘查,2024,15(增刊1):219-226.
[33] 吴亚娜. 近景摄影测量在边坡形变监测中的应用研究[D]. 昆明:昆明理工大学,2017.
[34] 席茂. 矿山地面灾害监测数据可视化表达和实现技术[D]. 太原:太原理工大学,2015.
[35] 肖世国,张腾飞,曹兴松,等. 软岩高边坡多级框架锚杆设计计算方法[J]. 西南交通大学学报,2014,49(5):787-792.
[36] 杨天鸿,王赫,董鑫,等. 露天矿边坡稳定性智能评价研究现状、存在问题及对策[J]. 煤炭学报,2020,45(6):2277-2295.
[37] 张慧敏,邹进,李洪彦,等. 基于轨道雷达在某露天-地下联合开采边坡监测中的应用[J]. 矿产勘查,2024,15(增刊1):256-263.
[38] 张镭,王勇. 某露天煤矿残余水治理排水管涵方案比选[J]. 露天采矿技术,2019,34(4):74-77.
[39] 赵子巍. 实时岩移变形监测可视化数据分析处理系统软件开发[D]. 长沙:长沙矿山研究院,2013.
[40] 中国煤炭建设协会. 露天煤矿岩土工程勘察规范:GB 50778—2012[S]. 北京:中国计划出版社,2012.
[41] 中国煤炭建设协会. 煤炭工业露天矿边坡工程监测规范:GB 51214—2017[S]. 北京:中国计划出版社,2017.
[42] 中国煤炭建设协会. 煤炭工业露天矿边坡工程设计标准:GB 51289—2018[S]. 北京:中国计划出版社,2018.
[43] 中国煤炭建设协会. 煤炭工业露天矿设计规范:GB 50197—2015[S]. 北京:中国计划出版社,2015.
[44] 中华人民共和国国土资源部. 滑坡防治工程勘查规范:GB/T 32864—2016[S]. 北京:中国标准出版社,2016.
[45] 中华人民共和国国土资源部. 滑坡防治工程设计与施工技术规范:DZ/T 0219—2006[S]. 北京:中国标准出版社,2006.
[46] 周可鹏,陈旺旺. 基于S-SAR边坡雷达的滑坡形变监测分析研究[J]. 矿产勘查,2024,15(增刊1):138-142.
[47] 朱万成,任敏,代风,等. 现场监测与数值模拟相结合的矿山灾害预测预警方法[J]. 金属矿山,2020(1):151-162.

王　勇

（1977—），研究生，中共党员，正高级工程师、博士生导师，注册土木工程师（岩土），中国煤炭科工集团首席科学家、全国煤炭行业技能大师、辽宁省百千万人才计划“百”人层次人才、沈阳市高层次 C 类人才。现任职中煤科工集团沈阳设计研究院有限公司科技委副主任，主要从事露天矿设计、边坡研究、地质灾害治理等相关工作。